本书研究获中国工程院重点咨询项目
"三江源区生态补偿长效机制研究"（2012-XZ-13）支持

中国工程院重点咨询项目系列丛书

三江源区生态补偿
长效机制研究

《三江源区生态补偿长效机制研究》课题组 著

科学出版社
北　京

内 容 简 介

本书分析了三江源区生态系统状况变化、生态系统服务功能变化及其主要生态问题，剖析了三江源区生态问题发生的根本原因，研究了三江源区"人–草–畜"平衡关系，系统梳理了三江源区现有的生态补偿政策与措施，探讨了三江源区现有生态补偿制度的成效及存在的问题；从生态保护的实际需求角度设计了三江源区生态补偿战略，估算了三江源区生态补偿的资金规模，提出了建立三江源区生态补偿长效机制的重点任务与政策建议。

本书可供生态学、生态经济学、环境科学等相关研究领域的科研人员、管理人员、高校教师和研究生阅读，也可作为青藏高原可持续发展与管理的政策制定、生态补偿机制建立等领域相应部门的管理及技术人员的参考书，还可作为青海三江源研究的专业书籍。

图书在版编目（CIP）数据

三江源区生态补偿长效机制研究/《三江源区生态补偿长效机制研究》课题组著. —北京：科学出版社，2016.7

（中国工程院重点咨询项目系列丛书）

ISBN 978-7-03-048000-2

Ⅰ.①三… Ⅱ.①三… Ⅲ.①生态环境–补偿机制–研究–青海省
Ⅳ.①X321.244

中国版本图书馆 CIP 数据核字（2016）第 065814 号

责任编辑：林　剑／责任校对：张怡君

责任印制：肖　兴／封面设计：耕者工作室

科学出版社 出版

北京东黄城根北街 16 号

邮政编码：100717

http://www.sciencep.com

中国科学院印刷厂 印刷

科学出版社发行　各地新华书店经销

*

2016 年 7 月第　一　版　　开本：787×1092　1/16
2016 年 7 月第一次印刷　　印张：12 1/2

字数：280 000

定价：96.00 元

（如有印装质量问题，我社负责调换）

《三江源区生态补偿长效机制研究》

课题组主要成员

顾　　问　　周　济　中国工程院　中国工程院院长、院士

　　　　　　刘　旭　中国农业科学研究院　中国工程院院士

组　　长　　孟　伟　中国环境科学研究院　中国工程院院士

成　　员　　李文华　中国科学院地理科学与资源研究所　中国工程院院士

　　　　　　金鉴明　中国环境科学研究院　中国工程院院士

　　　　　　张全兴　南京大学　中国工程院院士

　　　　　　钱　易　清华大学　中国工程院院士

　　　　　　郝吉明　清华大学　中国工程院院士

　　　　　　郑绵平　中国地质科学院矿产资源研究所　中国工程院院士

　　　　　　丁德文　国家海洋局第一海洋研究所　中国工程院院士

　　　　　　徐祥德　中国气象科学研究院　中国工程院院士

　　　　　　任阵海　中国环境科学研究院　中国工程院院士

　　　　　　唐孝炎　北京大学　中国工程院院士

　　　　　　舒俭民　中国环境科学研究院　研究员

　　　　　　张林波　中国环境科学研究院　研究员

　　　　　　翟永洪　青海省环境科学研究设计院　高级工程师

　　　　　　田俊量　青海省生态环境遥感监测中心　高级工程师

李　芬　中国环境科学研究院　助理研究员

李岱青　中国环境科学研究院　副研究员

郭　杨　中国环境科学研究院　助理研究员

张继平　中国环境科学研究院　助理研究员

王德旺　中国环境科学研究院　助理研究员

齐　月　中国环境科学研究院　助理研究员

朱夫静　中国环境科学研究院　助理研究员

孙海宁　中国环境科学研究院　助理研究员

岳　琦　中国环境科学研究院　助理研究员

徐延达　中国环境科学研究院　助理研究员

罗上华　中国环境科学研究院　副研究员

刘成程　中国环境科学研究院　助理研究员

审稿、校稿　　孟　伟　舒俭民　张林波

主要执笔人　　张林波　李　芬　李岱青　郭　杨　张继平

　　　　　　　王德旺　齐　月　朱夫静　孙海宁　岳　琦

　　　　　　　徐延达　罗上华　刘成程

前　　言

　　青海三江源区地处青藏高原，是长江、黄河、澜沧江的发源地，是重要的水源涵养生态功能区，为全国乃至东亚地区提供了重要的淡水资源，被誉为"中华水塔"；三江源区是我国最重要的生物多样性资源宝库和最重要的遗传基因库之一，具有强大的生物多样性保育功能，为众多的珍稀濒危动植物提供了生存场所，有"高寒生物自然种质资源库"之称；三江源区是全球气候变化的敏感区，对全国乃至全球的大气、水量循环具有重大影响；三江源区还是我国唯一的国家级生态保护综合试验区，是中华民族的重要生态屏障。因此，三江源区的生态战略地位极为特殊，也极为重要。十八大以来党中央将生态文明建设提到前所未有的高度，三江源区生态保护在国家生态文明建设布局中具有重要的战略地位。

　　生态补偿以保护生态环境、促进人与自然和谐发展为目的，它作为调整生态环境保护和建设相关者之间利益关系的环境经济手段，在世界范围内得到了广泛的应用。三江源区自然条件严酷、地域广阔、人口稀少，以畜牧生产为主要产业，经济发展相对欠发达，人民生活水平较低。三江源区生态系统敏感脆弱，一旦遭到破坏极难恢复。三江源区生态保护造成了该区人口、资源与环境之间的矛盾极为突出。三江源区为维护国家生态安全和中下游发展做出了巨大贡献和牺牲，构建长效生态补偿机制是维护三江源区生态功能的关键。

　　随着气候变化及人类活动的干扰，三江源区的生态环境不断恶化。为了更好地保护三江源区生态环境，制定更为科学合理的三江源区生态补偿政策，2011 年 7 月 28 日，青海省人民政府与中国工程院签署科技合作协议，并于2012 年 1 月启动实施重点项目"三江源区生态补偿长效机制研究"。受中国工程院委托，中国环境科学研究院组成项目课题组，在青海省环境保护厅、科技厅的大力支持下，会同青海省环境科学研究设计院、青海省生态环境遥感监测中心等单位展开工作。课题组为获取三江源区第一手资料，于 2011 年 10 月至 2014 年 9 月期间多次赴三江源区调研，共走访了泽库、同德、玛沁、玛多、称多、甘德、杂多、玉树、治多、曲麻莱、格尔木 11 个县市，以部门走访、专家咨询、现场考察、入户问卷、实地样方采集等多种形式针对生态治理、草原建设、草地退化、生态移民搬迁、牧民生产生活、退牧减畜、生态补偿、草畜平衡、教育、技能培训、产业培育、基础设施建设、医疗、养老等内容进行了省–县–牧民/移民 3 个层次的调研。

三江源区生态补偿也是全国乃至全世界关注的政策热点，具有很强的示范作用。长期以来，党和国家以及社会各界高度重视三江源区的生态保护与可持续发展问题。从 2000 年前后开始，国家逐步通过中央财政对青海省三江源区给予多种形式的生态补偿。依托《青海三江源自然保护区生态保护和建设总体规划》的实施，青海省人民政府制定了《关于探索建立三江源生态补偿机制的若干意见》等十余项生态补偿政策。通过实施这些生态补偿措施，三江源区近十年来生态环境恢复初见成效，生态系统服务功能有一定的增强，生态移民已基本搬迁结束，农牧民生活总体有一定改善，政府公共服务能力有所提高。但是，从三江源区生态问题产生的根源和解决问题所需要的时间来看，三江源区生态补偿缺乏系统、稳定、持续、有序的法律保障、组织领导与资金渠道，生态补偿标准与资金投入偏低，生态补偿绩效考核监管缺失，生态补偿长效机制还远没有建立起来。因此，三江源区只有建立完善的生态补偿长效机制，才能从根本上遏制生态环境恶化趋势，实现经济发展和民生改善良性循环。

三江源区生态补偿是国家层面上的生态补偿，它既属于流域生态补偿，又属于自然保护区生态补偿类型，也是非常重要的江河源头水源涵养区生态补偿。争取利用 10～20 年的时间建立并完善三江源区生态补偿长效机制，将"输血式"补偿转变为"造血式"补偿，补偿资金来源由单一化转变为多元化，法律法规健全，监管与保障体系完善，最终实现三江源区生态持续改善，生态系统服务功能逐渐恢复，城镇化进程提高，特色产业结构逐步形成，农牧民生产生活条件明显改善，公共服务能力明显增强，民族地区团结、社会和谐稳定的目标。

本书系中国工程院重点咨询项目"三江源区生态补偿长效机制研究"（2012-XZ-13）的重要成果之一，是在中国工程院、中国环境科学研究院的组织下完成的，编写过程中得到了这两个单位领导的高度重视和大力支持；并得到了北京大学、清华大学、中国人民大学、中央民族大学、中国科学院地理科学与资源研究所、中国科学院西北高原生物研究所、青海省环境科学研究设计院、青海省生态环境遥感监测中心、青海省社会科学院、国家环境保护部等相关领域专家学者的多次指导与帮助。在此，对上述专家、学者以及各有关部门的领导的大力支持与指导表示衷心的感谢。

本书在文献调研、现场考察与实地采样、访问交流、长时间序列地面生态监测、卫星遥感影像和社会经济统计等调研和数据积累的基础上，结合三江源区地理、生态、环境、民俗等特征，分析了三江源区生态系统状况变化和生态系统服务功能变化态势，探讨了三江源区面临的主要生态问题，剖析了三江源区生态问题发生的根本原因是"人–草–畜"关系失衡。依据以草定畜、以畜定人、"人–草–畜"平衡的原则，研究了三江源区"人–草–畜"平衡关系，依托遥感手段分析了草地资源及其退化趋势，估算了草地承载力、理论载畜量以及适宜牧业人口规模。以现有的国内外生态补偿研究成果为理论支撑，系统梳理总结了三江源区现有的生态补偿政策与措施，探讨了三江源区现有生态补偿制度的成效及存在的问题，从生态保护的实际需求角度设计了三江源区生态补偿战略，估算了三江源区生态补偿的资金规模，从法律法规建设、资金筹措机制、生态环境治理、生态移民安置、农牧民生产生活条件改善、社会保障体系、后续产业的发展、人口控制、文化素质提升、生态补偿绩效监管等方面提出了更为完善的三江源区生态补偿长效机制与政策措施建议，建立一套科学的适合三江源区的生态补偿长效机制，保证三江源区生态保护与经济协调发展，为我国生态补偿提供科学依据，并促使三江源区生态补偿工作深入扎实推进，维护民族地区稳定，促进区域可持续发展。

本书系课题组和编写组全体成员共同努力的成果。全书由孟伟、舒俭民、张林波设计。从选题、提纲确定、文献资料收集和野外实地调研到内容撰写，编写组召开了多次专家咨询会、内部研讨会，不断完善书稿内容。非常感谢青海省环境保护厅、青海省环境科学研究设计院、青海省生态环境遥感监测中心、青海省科学技术厅、青海省农牧厅、青海省林业厅、青海省三江源生态保护和建设办公室、青海省统计局以及三江源区州县相关单位等在历时四年多的野外实地调研和资料收集过程中给予的大力支持与热忱帮助。为了按时且高质量地完成本书的编写，来自中国环境科学研究院、青海省环境科学研究设计院的课题组成员付出了辛勤的努力。各章具体分工如下：第 1 章三江源区基本概况由李芬执笔撰写；第 2 章三江源区生态系统状况及其动态变化由郭杨、王德旺执笔撰写；第 3 章三江源区人–草–畜平衡估算由张林波、李芬、吴志丰、张继平、齐月执笔撰写；第 4 章三江源区生态补偿现状及存的在问题由张林波、龚斌、李芬执笔撰写；第 5 章三江源区生态补偿总体战略由张林波、李芬执笔撰写；第 6 章三江源区生态补偿资金估算由李芬执笔撰写；第 7 章三江源区生态补偿长效机制重点任务由张林波、李芬、徐延达、齐月执笔撰写。三江源区生态补偿长效机制研究课题组的李芬、朱夫静、王德旺参与整体统稿。我们衷心感谢周济院士在百忙之中为本书写序，也非常感谢科学出版社为本书的出版付出的辛勤劳动。

限于时间和水平，本书定有许多不足和值得磋商之处，敬请领导、专家和读者们给予批评指正，以便我们在以后的工作中不断改进。

《三江源区生态补偿长效机制研究》课题组

2015 年 11 月

目　　录

1

三江源区基本概况

青海三江源区是长江、黄河、澜沧江三大河流的发源地，是重要的水源涵养生态功能区，为全国乃至东亚地区提供了淡水资源，被誉为"中华水塔"。三江源区是我国非常重要的生物多样性资源宝库和非常重要的遗传基因库之一，具有强大的生物多样性保育功能，为众多的珍稀濒危动植物提供了生存场所，有"高寒生物自然种质资源库"之称。三江源区是全球气候变化的敏感区，对全国乃至全球的大气、水量循环具有重大影响。三江源区还是我国唯一的国家级生态保护综合试验区，是中华民族的重要生态屏障，其生态战略地位极为重要；同时，该区域生态系统敏感脆弱，经济发展落后，藏族人口聚集，是全国乃至全世界关注的重点区域。

1.1 地 理 位 置

三江源区地处青藏高原腹地，位于青海省南部，北纬 31°39′ ~ 36°12′，东经 89°45′ ~ 102°23′。西部与新疆维吾尔自治区接壤；南部与西藏自治区接壤；东部、东南部与甘肃省和四川省毗邻；北临青海省海西蒙古族藏族自治州（简称海西州），海南藏族自治州（简称海南州）的共和县、贵南县、贵德县及黄南藏族自治州（简称黄南州）的同仁县（图1-1）。

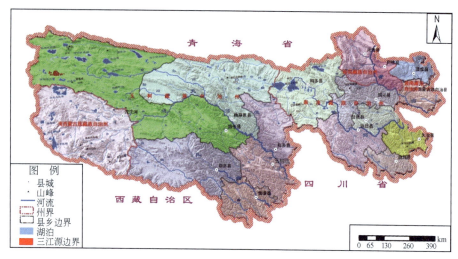

图 1-1　三江源区行政区划图

三江源区包括玉树藏族自治州（简称玉树州）、果洛藏族自治州（简称果洛州）、海南州、黄南州共 4 个州的 16 个县以及格尔木市代管的唐古拉山乡，总面积为 36.37 万 km²，约占青海省总面积的 50.4%。

三江源区各县分别是果洛州的玛多、玛沁、甘德、久治、班玛、达日 6 县，玉树州的称多、杂多、治多、曲麻莱、囊谦、玉树 6 县（市），海南州的兴海、同德 2 县，黄南州的泽库县和河南蒙古族自治县（简称河南县），格尔木市管辖的唐古拉山乡。各州（县）区域面积见表 1-1。

表 1-1　三江源区各州（县）土地面积表

区域	乡（镇）个数	镇个数	区域面积/万 km²
玉树州	45	12	19.80
玉树市	8	3	1.57
杂多县	8	1	3.58
称多县	7	5	1.47
治多县	6	1	8.08
囊谦县	10	1	1.22
曲麻莱县	6	1	3.88
果洛州	44	8	7.64
玛沁县	8	2	1.33

区域	乡（镇）个数	镇个数	区域面积/万 km²
班玛县	9	1	0.61
甘德县	7	1	0.71
达日县	10	1	1.46
久治县	6	1	0.87
玛多县	4	2	2.66
海南州	12	5	1.69
同德县	5	2	0.47
兴海县	7	3	1.22
黄南州	12	3	1.31
泽库县	7	2	0.65
河南县	5	1	0.66
唐古拉山乡	1	1	5.93
合计	114	29	36.37

1.2 自然概况

1.2.1 地质地貌

三江源区是青藏高原的主体，以山原和峡谷地貌为主，山系绵延、地势高耸、地形复杂，海拔为 3335~6564m，平均海拔约 4000m，主要山脉为东昆仑山及其支脉阿尼玛卿山、巴颜喀拉山和唐古拉山山脉。中西部和北部呈山原状，地形起伏不大，多宽阔而平坦的滩地，因地势平缓、冰冻期较长、排水不畅，形成了大面积沼泽；东南部为高山峡谷地带，河流切割强烈，地形破碎，地势陡峭，坡度多在 30°以上，如图 1-2 所示。

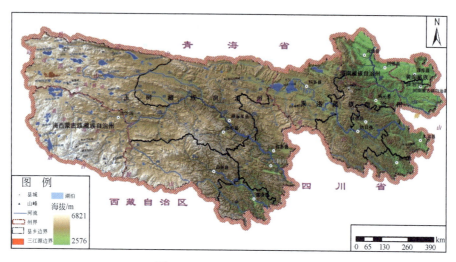

图 1-2　三江源区地貌图

1.2.2　气候条件

三江源区属青藏高原气候系统（图 1-3），为典型的高原大陆性气候，冷热交替、干湿分明、水热同期、年温差小、日温差大、日照时间长、辐射强烈、植物生长期短、无绝对无霜期。全年平均气温为 -5.6~3.8℃，极端最高气温为 28℃，极端最低气温为 -48℃。年平均降水量为 262.2~772.8mm（图 1-4），其中 6~9 月降水量约占全年降水量的 75%。年蒸发量在 730~1700mm。日照百分率为 50%~65%，年日照时数为 2300~2900h，年辐射量为 5500~6800MJ/m²。全年≥8 级大风日数为 37~110d，空气含氧量仅相当于海平面的 60%~70%。冷季为长达 7 个月的青藏冷高压控制，热量低、降水少、风沙大；暖季受西南季风影响产生热气压，水汽丰富、降水较多、夜雨频繁。干旱、雪灾、暴雨、洪涝、冰雹、雷电、沙尘暴、低温冻害等气象灾害时有发生，并由此引发森林草原火灾、滑坡、崩塌、泥石流等次生灾害。

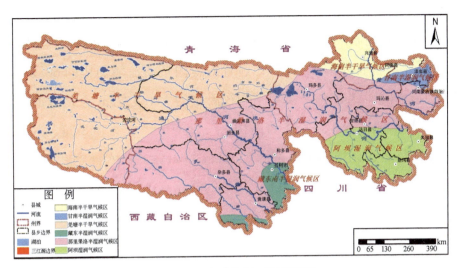

图 1-3　三江源区气候区划图

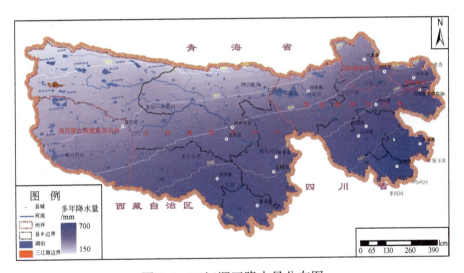

图 1-4　三江源区降水量分布图

1.2.3　河流水系

三江源区有大小河流 180 多条，河流面积约为 16km²。长江发源于唐古拉山北麓格拉丹冬雪山，三江源区内长为 1217km，约占干流全长 6300km 的 19%，集水面积在 500 km² 以上的河流有 85 条，集水面积在 300 km² 以上的河流有 134 条，年平均径流量为 179.4 亿 m³，占青海省多年平均径流量的 28.5%；黄河发源于巴颜喀拉山北麓各姿各雅雪山，省内全长为 1959km，流域面积为 100 928 km²（不含省外集水面积），占青海境内黄河流域面积的 66.2%，河道平均比降为 0.64‰~3.22‰。多年平均径流量为 141.5 亿 m³，是黄河流域重要的产流区；澜沧江发源于果宗木查雪山，三江源区内长为 448km，占干流全长 4600km 的 10%，占国境内干流全长 2130km 的 21%，集水面积在 500 km² 以上的河流有 20 条，集水面积在 300 km² 以上的河流有 33 条（图 1-5）。

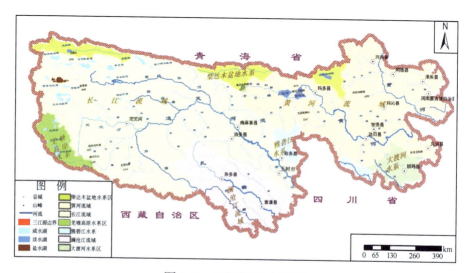

图 1-5 三江源区水系图

1.2.4 湿地概况

三江源区湿地面积达 7.33 万 km²，占总面积的 20.2%。大小湖泊有 16 500 余个，湖水面积在 0.5 km² 以上的天然湖泊有 188 个，总面积为 0.51 万 km²。三江源区是中国最大的天然沼泽分布区，总面积达 6.66 万 km²，沼泽分布率大于 2.5%。沼泽基本类型为藏北嵩草沼泽，而且大多数为泥炭沼泽，仅有小部分属于无泥炭沼泽。

黄河流域在巴颜喀拉山中段多曲支流托洛曲源头的托洛岗（海拔为 5041m）有残存冰川约 4 km²，冰川储量约 0.8 亿 m³，流域内的卡里恩卡着玛、玛尼特、日吉、勒那冬则等 14 座海拔 5000m 以上山峰终年积雪，多年固态水储量约有 1.4 亿 m³。长江源区的现代冰川主要分布在唐古拉山北坡和祖尔肯乌拉山西段，长江源区冰川总面积为 1247km²，冰川年消融量约为 9.89 亿 m³。澜沧江源头北部多雪峰，平均海拔为 5700m，最高达 5876m，终年积雪，雪峰之间是第四纪山岳冰川，在东西长 34km、南北宽 12km 的地带上，面积在 1km² 以上的冰川 20 多个。

1.2.5　土壤类型

三江源区的土壤具有明显的垂直地带性分布规律。随着海拔由高到低，土壤类型依次为高山寒漠土、高山草甸土、高山草原土、山地草甸土、灰褐土、栗钙土和山地森林土，其中以高山草甸土为主，沼泽化草甸土也较普遍，冻土层极为发育。沼泽土、潮土、泥炭土、风沙土等为隐域性土壤（图 1-6）。

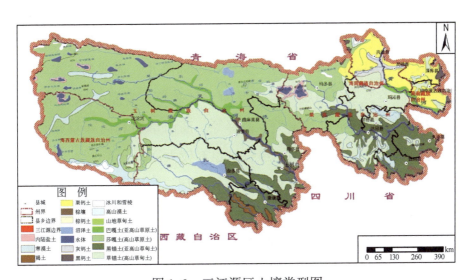

图 1-6　三江源区土壤类型图

1.2.6　植被类型

三江源区植被类型有针叶林、阔叶林、针阔混交林、灌丛、草甸、草原、沼泽及水生植被、垫状植被和稀疏植被9个植被型,可分为14个群系纲、50个群系(图1-7)。

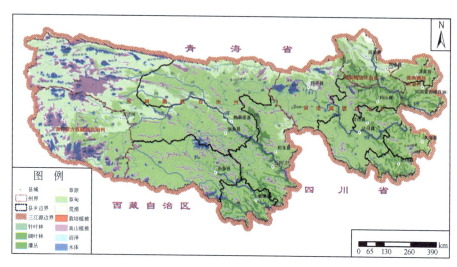

图1-7 三江源区植被类型图

森林植被以寒温性的针叶林为主,主要树种有川西云杉、紫果云杉、红杉、祁连圆柏、大果圆柏、塔枝圆柏、密枝圆柏、白桦、红桦、糙皮桦。灌丛植被主要种类有杜鹃、山柳、沙棘、金露梅、锦鸡儿、锈线菊、水苟子等。草原、草甸等植被类型主要植物种类为蒿草、针茅草、薹草、凤毛菊、鹅观草、早熟禾、披碱草、芨芨草以及藻类、苔藓等。高山草甸和高寒草原是三江源区主要植被类型和天然草场,高山冰缘植被也有较大面积分布。

三江源区的野生维管束植物有87科、471属、2238种,约占全国植物种数的8%,其中种子植物种数占全国相应种数的8.5%。在471属中,乔木植物11属,占总属数的2.3%;灌木植物41属,占总属数的8.7%;草本植物422属,占总属数的89%。植物种类以草本植物居多。

1.2.7 野生动物

三江源区野生动物区系属古北界青藏区"青海藏南亚区",可分为寒温带动物区系和高原高寒动物区系。动物分布型属"高地型",以青藏类为主,并有少量中亚型以及广布种分布。三江源区内有兽类 8 目 20 科 85 种，鸟类 16 目 41 科 237 种（含亚种为 263 种），两栖爬行类 7 目 13 科 48 种。国家重点保护动物有 69 种，其中国家一级重点保护动物有藏羚、野牦牛、雪豹等 16 种，国家二级重点保护动物有岩羊、藏原羚等 53 种。另外，还有省级保护动物艾虎、沙狐、斑头雁、赤麻鸭等 32 种。

1.3 自然保护区概况

根据国务院已批准的三江源国家级自然保护区，三江源自然保护区总面积为 15.23 万 km^2，占青海省总面积的 21%，占三江源区总面积的 42%。其中，核心区面积为 31 218km^2，占自然保护区总面积的 20.5%；缓冲区面积为 39 242km^2，占自然保护区总面积的 25.8%；实验区面积为 81 882km^2，占自然保护区总面积的 53.7%。三江源自然保护区在行政区划上共由 69 个不完整的乡镇组成，在行政区划上无明显区域界限，图 1-8 为三江源自然保护区功能区划图。

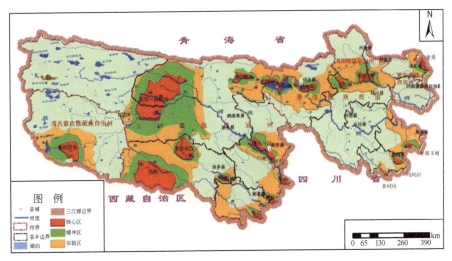

图 1-8 三江源自然保护区功能区划图

1.3.1 核 心 区

保护区中核心区的面积为 31 218km²。核心区内现有人口 43 566 人。核心区设定时主要考虑如下因素：①有利于保持典型自然生态系统的完整性和自然性；②有利于为主要保护对象创造良好的生长、生存和繁衍环境；③远离和避开城镇、工矿企业、交通干道、定居点、农业区和人口较密地带；④以方便管护为目的，可以打破现有州、县行政界线和流域界线。核心区是为了保护和管理好典型生态系统与野生动植物及栖息地，以封禁管护为主，开展禁牧、禁猎、禁伐和禁止一切开发利用活动，通过封禁管护等措施恢复林草植被。核心区仍由保护区为主负责管理和建设，建立完善的管理体系和巡护制度。

在核心区中，主体功能以保护湿地生态系统的区域分别占核心区个数的 42%，面积的 54%，其次依次为野生动物、典型森林与灌丛植被。在空间布局上，中西部以野生动物类型为主，东部以森林灌丛类型为主，湿地类型主要区划在源头汇水区和高原湖泊周边。

1.3.2 缓 冲 区

在每个核心区周边，以及核心区之间，依据受干扰程度和保护对象特性的不同，划出了一定范围的缓冲区或缓冲带。缓冲区总面积为 39 242km²，占自然保护区总面积的 25.8%。缓冲区内现有牧业人口 54 254 人，区划时主要考虑如下因素：①有利于缓冲保护区内外对重点保护对象的干扰或破坏；②动物类型核心区周围的缓冲范围要大，并尽量用缓冲区保持相邻核心区的联系；③有效分隔交通干线、工矿企业、城镇和牧民定居点对核心区的影响。缓冲区是为了缓冲或控制不良因素对核心区的影响，对轻微退化生态系统进行恢复与治理。缓冲区内以草定畜、限牧轮牧，通过封禁管护等措施恢复林草植被，同时作为科研、监测、宣传和教育培训基地。缓冲区仍由保护区和各级政府、各行业主管部门共同负责管理与建设。

1.3.3　实　验　区

核心区和缓冲区以外的广大区域为实验区，总面积为 81 882km^2，占自然保护区总面积的 53.7%，基本包括条件良好的所有秋冬草场和部分夏季草场。实验区内现有人口约 125 270 人，区划时重点考虑如下因素：①有利于区域社会经济发展和农牧民生产生活；②有利于退化生态系统的恢复与治理；③有利于对零散分布的保护对象进行有效管护；④尽量考虑社会经济发展所要求的路、水、电、通信等基础设施项目布局。实验区是作为核心区与缓冲区的大屏障，要大力调整产业结构、优化资源配置、开展退化生态系统的恢复与重建，发展生态旅游等特色产业和区域经济，促进社会进步。全面实施以草定畜，重点实施退牧还草、退化草地治理、森林植被保护与恢复、湿地与野生动物保护、能源建设、水利建设以及科研监测等项目，对超过天然草地承载能力的人口实行生态移民，对天然草地承载能力以内的人口实行集中聚居，减少草地的牧压，促进草地自我恢复。集中建设管理、执法、科研、宣教，以及生产、生活服务等基础设施。实验区主要由地方各级政府指导和协调区域的社会经济发展，按照符合环境保护与生态要求的产业政策或社会经济发展规划安排建设项目。

三江源自然保护区以核心区为中心，从里向外分为三个层次：第一层为核心区，是严格保护区域；第二层为缓冲区，是重点保护区域；第三层为实验区，是一般保护区域。实验区域是保护和经营两者相兼顾的区域。

1.4　社会经济概况

1.4.1　人　口　概　况

三江源区 2010 年总人口为 79.64 万人，其中牧业人口为 64.53 万人（表

1-2），占总人口的 81.03%，牧业户数为 150 009 户，与 1949 年相比地区人口增加 3 倍多，人口年自然增长率高达 18‰。人口分布呈现东部向西部逐渐减少（图 1-9），其中，同德县、泽库县、囊谦县、玉树市、兴海县、河南县人口密度较大，其他县人口密度较低。民族构成以藏族为主，占 90% 左右，其他为汉族、回族、撒拉族、蒙古族等。

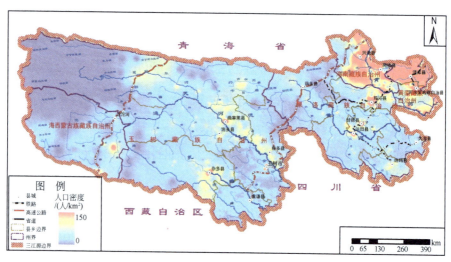

图 1-9 三江源区 2010 年人口密度分布图

表 1-2 三江源区 **2010** 年各州（县）人口分布情况

区域	总人口/万人	牧业人口/万人	人口密度/（人/km²）
玉树州	37.34	31.05	1.89
玉树市	9.97	7.94	6.50
杂多县	5.73	4.91	1.59
称多县	5.62	5.14	3.82
治多县	3.14	2.60	0.39
囊谦县	9.83	7.93	8.04
曲麻莱县	3.05	2.53	0.66
果洛州	17.35	12.90	2.27
玛沁县	4.65	2.90	3.52
班玛县	2.61	2.10	4.13

区域	总人口/万人	牧业人口/万人	人口密度/(人/km²)
甘德县	3.29	2.60	4.50
达日县	3.10	2.30	2.14
久治县	2.34	1.90	2.80
玛多县	1.36	1.10	0.51
海南州	13.17	10.9	7.79
同德县	5.86	4.80	12.53
兴海县	7.31	6.10	6.03
黄南州	10.88	8.78	8.31
泽库县	6.94	5.93	10.46
河南县	3.94	2.85	5.97
唐古拉山乡	0.90	0.90	0.19
合计	79.64	64.53	2.19

注：表中数据根据《青海统计年鉴（2011）》数据整理得到

1.4.2 经济概况

三江源区经济发展水平很低，全区 16 个县中有 14 个为国家扶贫工作重点县。2010 年三江源区国内生产总值（GDP）约为 77 亿元（表 1-3），占青海省 50.4% 土地的三江源区创造的 GDP 所占的比重仅为 5.7%（表 1-4）。三江源区产业结构不合理（表 1-3），总体上以第一产业为主，第二、第三产业为辅的产业结构。三江源区财政总收入为 44.4 亿元，地方财政总收入为 1.8 亿元，地方财政总支出为 67.2 亿元。各州县的经济发展水平差异很大，经济状况较好的是兴海县、玛沁县，较差的是玛多县、甘德县。

表 1-3　2010 年三江源区各县各产业 GDP　　（单位：万元）

区域		国内生产总值	第一产业总值	第二产业总值	第三产业总值
玉树州	玉树市	47 821	36 753	7 658	8 055
	杂多县	57 699	43 257	6 478	4 519
	称多县	32 006	17 213	11 471	6 102
	治多县	29 374	27 369	3 822	4 973
	囊谦县	40 947	30 259	6 610	6 970
	曲麻莱县	38 551	24 908	6 239	7 326
果洛州	玛沁县	114 363	13 648	67 333	33 382
	班玛县	16 981	7 303	3 717	5 961
	甘德县	12 849	5 948	2 491	4 410
	达日县	15 654	5 843	4 889	4 922
	久治县	16 738	7 161	3 178	6 399
	玛多县	11 240	4 110	2 134	4 996
海南州	同德县	74 503	40 743	15 873	17 887
	兴海县	122 685	40 192	50 628	31 865
黄南州	泽库县	72 308	45 295	9 104	17 909
	河南县	65 615	41 038	9 584	14 993
合计		769 334	391 040	211 209	180 669

注：数据来源于《青海统计年鉴（2011）》；未含唐古拉山乡数据（缺）

三江源区以草地畜牧业为主，生产力水平较低。据青海省农牧厅统计，2010 年家畜存栏数为 827 万头（只），折合 1834 万个羊单位，其中牛 324 万头，出栏率为 23%，羊 493 万只，出栏率为 42%。2010 年三江源区的农牧民人均纯收入为 3132.17 元，低于青海省（3863 元）和全国（5919 元）同年农民家庭人均纯收入的平均水平，人均生活消费支出占总支出 96.24%，见表 1-4。

表 1-4　2001～2010 年三江源区及青海省国内生产总值

项目	2001 年	2002 年	2003 年	2004 年	2005 年	2010 年
三江源区 GDP/亿元	20.40	23.00	26.00	28.00	39.20	77.00
青海省 GDP/亿元	300.10	340.70	390.20	466.10	543.30	1350.40
三江源区 GDP 占青海省的比重/%	6.80	6.75	6.66	6.01	7.22	5.70

注：数据来源于历年《青海统计年鉴》

1.4.3　公共基础设施

　　三江源区基础设施薄弱,交通、用水、用电、通信、用能问题依然很突出。交通状况比较落后,2010 年全区公路总里程约为 14 116.2km,没有高等级公路,部分乡和行政村(牧委会)未达到公路通达标准等级。宁果公路、214国道、109 国道等主干公路与各县及部分乡间公路形成公路网。青藏铁路是该区唯一铁路线,仅通过长江源区。民航方面仅玉树州有一处民用机场。广播电视、通信设施建设逐步完善,目前尚未形成覆盖全区的邮电通信网络,无骨干性水利工程,供电、给排水、垃圾处理、污水处理等设施十分滞后。

　　三江源区的文化、教育、卫生等社会公共服务能力仍较落后。校舍不足、师资缺乏、寄宿学校少、生源分散、教育成本高等,导致教育水平严重滞后,文盲率很高,人均受教育年限少;卫生条件较差,缺医少药现象普遍,群众看病难的问题仍很突出,时有传染病和地方病流行;文化事业发展滞后,提高全民族文明素质、弘扬和传承以藏文化和草原文化的任务十分繁重。据青海省第六次人口普查资料整理,三江源区整体成人文盲率高达 27%,其中,海南州兴海县、玉树州称多县文盲率高达 40% 以上,这与青海省 10%、全国 4.08% 的文盲率相差很大。三江源区 6 岁及以上人口中 1/3 是文盲,是青海省平均水平的 2 倍,其中,玉树州玉树市、囊谦县 6 岁及以上人口中约一半人都未上过学。2010 年三江源区有普通中学 46 所,小学 284 所,中小学在校学生数 136 951人,中小学专任教师 6646 人(表 1-5),中小学生师比为 20.61∶1,高于青海省 2010 年生师比平均比例;各州县之间差异显著,且高中及以上的教育师资力量和水平严重落后。2010 年三江源区(不含唐古拉山乡)共有医院、卫生所183 所;病床数 1581 张,千人拥有病床数 2 张;医生数 1238 人,千人拥有医生数 1.5 人。文化体育设施均布局在州府县城所在地,乡、镇与牧委会尚属空白。

表1-5 2010年三江源区教育概况

区域		乡村户数/户	普通中学数/所	小学数/所	普通中学专任教师数/人	小学专任教师数/人	普通中学在校学生数/人	小学在校学生数/人
果洛州	玛多县	3 412	1	4	26	76	517	1 171
	玛沁县	7 109	4	11	138	250	2 462	6 487
	甘德县	6 342	2	6	114	238	1 500	3 333
	达日县	5 810	2	11	100	243	1 504	3 256
	久治县	4 565	2	7	58	140	1 004	3 064
	班玛县	5 064	1	13	46	167	1 367	3 344
海南州	兴海县	13 499	2	9	105	411	3 285	8 253
	同德县	10 655	5	9	216	488	3 555	8 390
黄南州	泽库县	13 802	5	30	152	508	4 088	9 706
	河南县	6 500	3	10	89	235	1 399	4 307
玉树州	治多县	7 393	1	9	23	141	1 804	4 063
	曲麻莱县	6 631	1	14	36	162	1 125	3 823
	称多县	13 867	6	30	123	380	2 659	6 742
	杂多县	11 603	2	17	73	146	2 780	6 667
	玉树市	19 627	7	50	308	630	3 159	16 622
	囊谦县	14 130	2	54	67	757	4 757	10 758
合计		150 009	46	284	1 674	4 972	36 965	99 986

注：表中数据根据《青海统计年鉴（2011）》数据整理得到；未含唐古拉山乡数据（缺）

2
三江源区生态系统状况
及其动态变化

三江源区生态系统类型多样，包括林地、草地、湿地、耕地、人工表面以及其他。其中草地生态系统分布最广，各生态系统类型转换相对缓慢。三江源区草地退化在 20 世纪 80 年代已经形成，近年来区域植被覆盖状况有一定程度的改善，草地退化趋势也得到初步遏制，但草地退化状况依然严峻。全球气候变暖有利于促进植被生理活动加强的同时，也造成了三江源区冰川退缩、雪线上升、永久冻土融化、地下水位下降等问题，对三江源区的生态系统产生了潜在的威胁。随着气候变化以及生态保护与建设工程的实施，三江源区生态系统服务功能略有改善，但还需长期持续保护。

2.1　生态系统状况

三江源区生态系统类型之间的转换总体较小，但转换种类较多，各类型内部转换较多。草地生态系统是三江源区中分布面积最大的生态系统，空间分布上自东向西覆盖率逐渐降低，覆盖率最高的为河南县，覆盖率最低的区域在三江源区的西部。

2.1.1　生态系统类型变化

三江源区生态系统分类数据由 2000 年、2005 年 Landsat TM/ETM 数据以及 2010 年 HJ-1 卫星 CCD 数据解译获得。

三江源区生态系统类型分为 6 类：①林地，主要包括落叶阔叶林，常绿针叶林、常绿阔叶灌木林、落叶阔叶灌木林、乔木绿地；②草地，主要包括草甸、草原、草本绿地；③湿地，主要包括森林湿地、灌丛湿地、草本湿地、湖泊、水库/坑塘、河流；④耕地，主要包括旱地；⑤人工表面，主要包括居住地、工业用地、交通用地、采矿场；⑥其他，主要包括稀疏林、稀疏灌木林、稀疏草地、裸岩、裸土、沙漠/沙地、盐碱地、冰川/永久积雪。

2.1.1.1　各类生态系统类型与分布

三江源区生态类型以草地为主，约占总面积的 48%；其次为其他类型生态系统，约占总面积的 38%；湿地占总面积的 9%；林地占总面积的 5%；耕地和人工表面面积很小。草地在三江源区东、中、西均有分布。草地在东部主要分布在同德县、泽库县、河南县、甘德县、达日县、久治县和班玛县；草地在中部主要分布在玉树市、囊谦县、称多县南部、曲麻莱县中西部、治多县中东部、杂多县西部；草地在西部主要分布在唐古拉乡东部。其他类型生态系统面积第二，主要分布在称多县北部，曲麻莱县东部、治多县西部和唐古拉山乡西部。草地和其他类型生态系统面积占三江源区总面积的 85% 以上。湿地主要分布在称多县北部、曲麻莱县东部、玛多县西部、治多县东南部、杂多县中部和唐古拉山乡西部。林地主要分布在三江源区东部的兴海县、同德县、泽库县、玛沁县、河南县、甘德县、久治县和班玛县，以及玉树市和囊谦县的东南部一带。耕地和人工表面在三江源分布较少，主要分布在三江源区东部的兴海县、同德县和泽库县。三江源区 2010 年生态系统一级分类如图 2-1 所示。

三江源区生态系统二级分类中，草原和草甸面积最大，草原面积占总面积

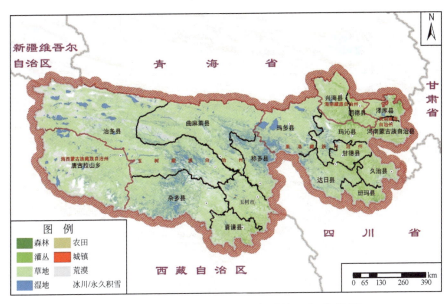

图 2-1 三江源区 2010 年生态系统一级分类图

的 25.8%，草甸面积占总面积的 22.3%；其他类型生态系统中稀疏草地占总面积的 20.6%，裸岩占总面积的 10.2%，裸土占总面积的 5.9%；湿地中的草本湿地占总面积的 6.1%；林地中落叶阔叶灌木林占总面积的 4.4%；其余分类所占比例较小。草甸集中分布在东部各县，中部的杂多县东部，玉树市、囊谦县、称多县和治多县东部也有分布。草原主要分布在唐古拉山乡、治多县中部、曲麻莱县西部和杂多县西部。稀疏草地主要分布在曲麻莱县北部、治多县中西部和唐古拉山乡西部；裸岩主要分布在唐古拉山乡西部、治多县西部；裸土主要分布在曲麻莱县西部、治多县西部。湿地生态系统主要分布在称多县北部、玛多县南部、治多县东部和杂多县中部。森林主要类型为落叶阔叶灌木林；耕地主要类型为旱地；人工表面主要类型为居住用地和交通用地。三江源区 2010 年生态系统二级分类如图 2-2 所示。

2.1.1.2 各类型生态系统变化

本节主要描述了 2000～2010 年三江源区各类型的生态系统变化。其中，三江源区一级生态系统类型变化见表 2-1，二级生态系统类型变化见表 2-2。

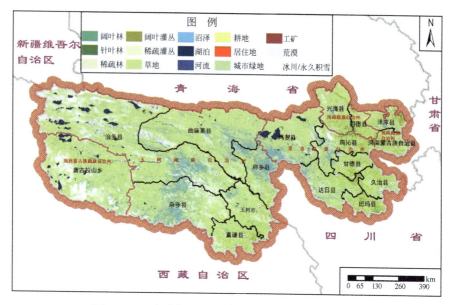

图 2-2　三江源区 2010 年生态系统二级分类图

表 2-1　2000～2010 年三江源区一级生态系统类型变化

年份	统计参数	林地	草地	湿地	其他	耕地	人工表面
2000	面积/km²	16 660.50	171 714.20	32 623.20	135 184.70	585.60	308.60
	比例/%	4.67	48.09	9.14	37.86	0.16	0.09
2005	面积/km²	16 661.10	171 708.60	32 980.40	134 845.10	567.30	314.30
	比例/%	4.67	48.09	9.24	37.76	0.16	0.09
2010	面积/km²	16 657.60	171 700.50	33 268.00	134 574.20	554.90	321.50
	比例/%	4.66	48.09	9.32	37.69	0.16	0.09

2000～2010 年，三江源区湿地、人工表面面积略有增加，草地、林地、耕地和其他类型的总面积略有减少。湿地面积增加了 644.83km²，增长了 1.98%；人工表面总面积增加了 12.93km²，增长了 4.19%。耕地总面积减少了 30.65km²，减少了 5.23%；其他类型总面积减少了 610.53km²，减少了 0.45%；林地总面积减少了 2.90km²，减少了 0.02%，草地总面积减少了 13.66km²，减少了 0.008%。

表 2-2 2000～2010 年三江源区二级生态系统类型变化

一类	二类	2000 年		2005 年		2010 年	
		面积/km²	比例/%	面积/km²	比例/%	面积/km²	比例/%
林地	落叶阔叶林	3.20	0.011	3.20	0	3.20	0
	常绿针叶林	797.40	0.22	797.40	0.22	797.40	0.22
	常绿阔叶灌木林	7.60	0	7.60	0	7.60	0
	落叶阔叶灌木林	15 852.30	4.44	15 852.90	4.44	15 849.40	4.44
	乔木绿地	0	0	0	0	0	0
草地	草甸	79 497.80	22.26	79 495.3	22.26	79 487.10	22.26
	草原	92 215.70	25.83	92 212.60	25.82	92 212.80	25.82
	草本绿地	0.60	0	0.60	0	0.60	0
湿地	森林湿地	46.70	0.01	46.70	0.01	46.70	0.01
	灌丛湿地	2.80	0	2.80	0	2.80	0
	草本湿地	21 773.70	6.10	21 769.90	6.10	21 773.30	6.10
	湖泊	6 873.80	1.93	7 210.90	2.02	7 398.90	2.07
	水库/坑塘	8.20	0	24.90	0.01	25.30	0.01
	河流	3 918.10	1.10	3 925.30	1.10	4 021.20	1.13
耕地	旱地	585.60	0.16	567.30	0.16	554.90	0.16
人工	居住地	87.80	0.02	91.80	0.030	96.50	0.03
	工业用地	3.90	0	4.00	0	4.80	0
	交通用地	216.50	0.06	218.20	0.06	219.80	0.06
	采矿场	0.40	0	0.40	0	0.40	0
其他	稀疏林	4.70	0	4.70	0	4.70	0
	稀疏灌木林	339.40	0.10	339.40	0.10	339.50	0.10
	稀疏草地	73 487.80	20.58	73 479.60	20.58	73 449.60	20.57
	裸岩	36 282.40	10.16	36 420.10	10.20	36 351.30	10.18
	裸土	20 917.50	5.86	20 584.50	5.76	20 364.90	5.70
	沙漠/沙地	1 041.70	0.29	1 041.80	0.29	1 042.10	0.29
	盐碱地	60.20	0.02	60.90	0.02	35.60	0.01
	冰川/永久积雪	3 051.10	0.85	2 914.10	0.82	2 986.40	0.84

2000～2010 年，三江源区裸土面积变化最大，面积减少了 552.62km²，减少了 2.6%；湖泊面积变化其次，面积增加了 525.04km²，增长了 7.6%；河流

面积增加了 103.11km²，增长了 2.6%。水库/坑塘面积增加了 17.03km²，增长了 207.2%；盐碱地面积减少了 24.55km²，减少了 40.8%；工业用地面积增加了 0.90km²，增长了 23.0%。

2000～2010 年三江源区各州、县级生态系统变化见表 2-3～表 2-5，其中，果洛州各县生态系统类型变化见表 2-3，玉树州各县生态系统类型变化见表 2-4，海南州、黄南州各县及唐古拉山乡生态系统类型变化见表 2-5。

表 2-3　2000～2010 年果洛州各县生态系统类型变化　　（单位：km²）

区域	年份	林地	草地	湿地	其他	自然生态系统	耕地	人工表面
玛多县	2000	170.30	10 420.80	4 237.40	9 622.90	24 451.40	0	13.60
	2005	170.30	10 402.50	4 298.10	9 580.50	24 451.40	0	13.60
	2010	170.30	10 393.60	4 349.20	9 538.20	2 4451.40	0	13.60
玛沁县	2000	2 015.80	7 256.90	783.50	3 359.50	13 415.60	6.80	22.20
	2005	2 015.60	7 252.00	782.80	3 361.00	13 411.40	10.10	23.10
	2010	2 015.60	7 248.50	786.50	3 360.70	13 411.30	9.60	23.60
班玛县	2000	1 905.20	3 940.00	107.00	435.30	6 387.40	2.20	6.30
	2005	1 905.20	3 939.50	107.00	435.30	6 387.00	2.20	6.70
	2010	1 903.00	3 942.60	107.00	434.30	6 386.90	2.20	6.90
甘德县	2000	1 073.10	4 994.90	296.70	766.80	7 131.60	2.40	6.20
	2005	1 073.10	4 995.80	296.90	765.60	7 131.40	2.40	6.30
	2010	1 073.10	4 995.70	298.90	763.50	7 131.30	2.40	6.40
久治县	2000	1 444.00	5 815.00	247.50	743.50	8 250.00	0	18.40
	2005	1 444.00	5 814.10	247.70	743.40	8 249.20	0	19.20
	2010	1 444.20	5 812.40	247.30	743.70	8 247.60	0	20.80
达日县	2000	1 434.00	8911.70	1 343.60	2 785.60	14 475.00	20.20	21.50
	2005	1 434.00	8 911.80	1 343.60	2 785.60	14 475.00	20.20	21.50
	2010	1 434.00	8 911.70	1 347.70	2 781.40	14 474.70	19.70	22.20

表 2-4　2000～2010 年玉树州各县生态系统类型变化　　（单位：km²）

区域	年份	林地	草地	湿地	其他	自然生态系统	耕地	人工表面
治多县	2000	46.10	28 243.70	7 960.10	44 401.70	80 651.60	0	16.30
	2005	46.10	28 243.80	8 181.90	44 179.80	80 651.60	0	16.30
	2010	46.10	28 243.40	8 301.70	44 060.40	80 651.60	0	16.30
曲麻莱县	2000	138.20	20 677.90	4 024.60	21 783.40	46 624.10	0	14.20
	2005	138.20	20 673.10	4 059.70	21 753.10	46 624.10	0	14.20
	2010	138.20	20 673.40	4 174.90	21 637.50	46 624.10	0	14.20
玉树市	2000	1 462.20	10 365.40	654.60	2 873.40	15 355.70	14.10	40.30
	2005	1 462.20	10 368.10	649.30	2 871.80	15 351.50	18.00	40.60
	2010	1 462.20	10 364.90	654.60	2 869.80	15 351.50	18.00	40.60
称多县	2000	446.00	6 778.50	3 374.30	4 006.00	14 604.90	3.50	9.30
	2005	446.00	6 777.80	3 372.50	4 007.80	14 604.10	3.30	10.30
	2010	446.00	6 777.60	3 374.10	4 006.30	14 604.00	3.30	10.40
杂多县	2000	189.60	17 840.60	5 228.80	12 272.10	35 531.00	2.60	5.10
	2005	189.60	17 840.40	5 230.90	12 270.10	35 531.00	2.60	5.10
	2010	189.60	17 840.60	5 228.80	12 272.00	35 531.00	2.60	5.10
囊谦县	2000	1 633.20	7 362.80	221.80	2 815.20	12 033.00	2.40	24.90
	2005	1 633.10	7 362.80	221.90	2 815.20	12 033.00	2.40	24.90
	2010	1 633.20	7 362.80	221.80	2 815.20	12 033.00	2.40	24.90

表 2-5　2000～2010 年海南州、黄南州各县及唐古拉山乡生态系统类型变化

（单位：km²）

区域	年份	林地	草地	湿地	其他	自然生态系统	耕地	人工表面
唐古拉山乡	2000	0	18 420.60	3 252.10	26 109.70	47 782.30	0	10.40
	2005	0	18 420.60	3 295.80	26 065.90	47 782.30	0	10.40
	2010	0	18 420.70	3 279.30	26 082.30	47 782.30	0	10.40
兴海县	2000	1 569.90	7 654.70	276.60	2 434.00	11 935.20	202.30	26.40
	2005	1 569.90	7 666.40	276.90	2 434.70	11 947.80	189.40	26.70
	2010	1 568.30	7 670.00	278.80	2 433.20	11 950.20	185.60	28.20

区域	年份	林地	草地	湿地	其他	自然生态系统	耕地	人工表面
同德县	2000	971.00	2 973.00	25.60	463.20	4 432.80	239.70	23.50
	2005	971.00	2 980.00	25.60	463.50	4 440.10	232.30	23.60
	2010	971.00	2 985.10	25.90	463.20	4 445.20	227.10	23.70
泽库县	2000	944.80	4 906.00	403.90	187.00	6 441.80	89.40	24.40
	2005	945.60	4 909.30	404.20	186.80	6 445.90	84.50	25.20
	2010	945.60	4 910.90	403.50	187.30	6 447.40	82.00	26.20
河南县	2000	1 217.10	5 151.50	185.30	125.20	6 679.10	0	25.80
	2005	1 217.10	5 150.70	185.50	125.00	6 678.30	0	26.60
	2010	1 217.30	5 146.60	187.90	125.00	6 676.70	0	28.20

2.1.1.3 各类型生态系统面积变化

本研究中将三江源区中的林地、草地、湿地和其他具有较高自然特性的生态系统定义为生态空间（或自然生态系统）。生态空间状况指数是指这些生态系统类型面积之和占三江源区总面积的百分比。2000～2010 年三江源区生态空间状况变化见表 2-6。2000 年、2005 年、2010 年生态空间状况指数变化率为正，表示生态状况变好；值为负表示生态状况变差。

表 2-6   2000～2010 年三江源区生态空间状况指数变化率

区域	2000～2005 年			2005～2010 年			2000～2010 年		
	面积变化/km^2	状况指数变化率/%	变化排序	面积变化/km^2	状况指数变化率/%	变化排序	面积变化/km^2	状况指数变化率/%	变化排序
三江源区	12.60	0		5.20	0		17.80	0	
久治县	−0.80	−0.01	2	−1.60	−0.02	1	−2.40	−0.04	1
玉树市	−4.20	−0.03	1	0	0	8	−4.20	−0.03	2
河南县	−0.90	−0.01	4	−1.50	−0.01	2	−2.40	−0.02	3
玛沁县	−4.20	−0.01	3	−0.10	0	6	−4.30	−0.01	4
班玛县	−0.40	0	5	−0.10	0	3	−0.50	0	5
称多县	−0.80	0	6	−0.10	0	7	−0.90	0	6
甘德县	−0.20	0	8	−0.10	0	5	−0.20	0	7

区域	2000~2005年			2005~2010年			2000~2010年		
	面积变化/km²	状况指数变化率/%	变化排序	面积变化/km²	状况指数变化率/%	变化排序	面积变化/km²	状况指数变化率/%	变化排序
囊谦县	0	0	7	0	0	13	0	0	8
达日县	0	0	10	−0.20	0	4	−0.20	0	9
玛多县	0	0	11	0	0	10	0	0	10
杂多县	0	0	9	0	0	14	0	0	11
唐古拉山乡	0	0	13	0	0	9	0	0	12
曲麻莱县	0	0	12	0	0	12	0	0	13
治多县	0	0	14	0	0	11	0	0	14
泽库县	4.20	0.06	15	1.40	0.02	16	5.60	0.09	15
兴海县	12.60	0.09	16	2.40	0.02	15	15.00	0.10	16
同德县	7.30	0.10	17	5.10	0.07	17	12.40	0.17	17

注：带“−”的表明是面积减少，以下同；按变化率数值从小到大进行排序。

2000~2010年三江源区生态空间略有增加。2000~2010年生态空间状况指数较好的县包括同德县、泽库县、兴海县；生态空间状况指数较差的县包括久治县、玉树市、玛沁县。

2.1.1.4　生态系统类型转换特征

生态系统类型转移矩阵能够更好地反映生态系统类型间的转换情况，揭示生态系统转换的具体细节。三江源区2000年、2005年、2010年三期一级生态系统类型转换矩阵见表2-7。

表2-7　2000~2010年三江源区一级生态系统类型转移矩阵　　（单位：km²）

时段	类型	林地	草地	湿地	其他	耕地	人工表面
2000~2005年	林地	16 659.39	1.00	0	0.07	0	0
	草地	1.66	171 671.95	23.05	9.23	3.35	4.95
	湿地	0	7.25	32 565.92	50.04	0	0
	其他	0	3.84	391.41	134 785.42	4.01	0.07
	耕地	0	24.53	0.01	0.39	559.92	0.73
	人工表面	0	0	0	0	0	308.60

续表

时段	类型	林地	草地	湿地	其他	耕地	人工表面
2005~2010年	林地	16 657.07	3.99	0	0	0	0
	草地	0.14	171 673.64	23.75	4.81	0.49	5.76
	湿地	0.36	9.22	32 917.96	52.80	0	0.05
	其他	0	3.07	325.85	134 516.23	0	0
	耕地	0	10.54	0.48	0.38	554.43	1.44
	人工表面	0	0.07	0	0	0	314.27
2000~2010年	林地	16 655.50	4.89	0	0.07	0	0
	草地	1.70	171 645.12	39.77	13.06	3.82	10.71
	湿地	0.36	9.94	32 589.64	23.23	0	0.05
	其他	0	5.45	638.14	134 537.09	4.01	0.07
	耕地	0	35.06	0.49	0.77	547.09	2.17
	人工表面	0	0.07	0	0	0	308.53

三江源区各生态系统类型之间的转换总面积较小，但转换种类较多，各类型内部转换面积较多。

（1）林地转换面积较小，主要来自草地和湿地。草原转为落叶阔叶灌木林为主要转换类型，2000~2010年转换面积为1.70km²。

（2）草地增加主要来自耕地、湿地和林地。旱地转换为草地为主要转换类型，2000~2010年转换面积为35.06km²。

（3）湿地面积增加较多，主要由其他类型和草地转换而来；2000~2010年湖泊面积增加525.04km²，河流面积增加103.11km²。

（4）其他类型生态系统面积减少较多，冰川/永久积雪转换为裸岩转换面积为171.57km²，裸岩转换为冰川/永久积雪面积为108.21km²。

（5）耕地转换总面积较小，草甸转换为耕地面积约为3.35km²，其他中的稀疏草地转换为耕地面积约为4.01km²。

（6）人工表面总转换面积较少，主要来自于草地和耕地。草原转换为居住地面积为6.13km²，草甸转换为交通用地面积约为1.73km²。

2.1.1.5 生态系统类型转换强度分析

2000~2010 年三江源区生态系统综合动态度变化见表 2-8。三江源区各类生态系统型变化较小，除耕地外，生态系统动态度均在 0.5% 以下。2000~2010 年耕地的动态度为 6.93%，其他类型动态度为 0.48%。耕地和其他类型动态度较大，表明耕地和其他类型生态系统变化相对剧烈。

表 2-8 2000~2010 年三江源区生态系统综合动态度

指标	名称	2000~2005 年	2005~2010 年	2000~2010 年
动态度 LUDD	林地	0.01	0.02	0.03
	草地	0.03	0.02	0.04
	湿地	0.17	0.19	0.10
	其他	0.30	0.24	0.48
	耕地	4.52	2.31	6.93
	人工表面	0	0.02	0.02
一级生态系统综合动态度		0.15	0.12	0.22
二级生态系统综合动态度		0.26	0.22	0.30
转换强度（LCCI）		0.30	0.24	0.53

2000~2010 年一级生态系统综合动态度为 0.22，二级生态系统综合动态度为 0.30，生态系统整体向好的方向转变，同时二级生态系统综合动态度要大于同期一级生态系统综合动态度，说明二级生态系统之间的转换比一级生态系统明显。

2000~2010 年生态系统类型转换强度为 0.53%，生态系统整体向好的趋势发展。

2.1.1.6 生态系统格局特征分析与评价

2000~2010 年三江源区一级生态系统类型格局特征见表 2-9。三江源区一级生态类型中斑块数最多的为其他类型，2000~2010 年斑块数增加了 196 个。斑块数最少的为耕地，平均斑块面积减少 0.017hm²。斑块数变化最大的为湿地，10 年间斑块数增加 703 个。斑块数变化最小的林地，其斑块数和平均斑块面积基本保持不变。平均斑块面积最大的为草地，其平均斑块面积约为 0.99hm²，其斑块数 10 年来无明显变化。人工表面斑块数和平均斑块面积无变化。

表 2-9　2000～2010 年三江源区一级生态系统类型格局特征

年份	类型	斑块数 NP	平均斑块面积 MPS /hm²	边界密度 ED /（m/hm²）	聚集度指数 CONT
2000	林地	59 260	0.28	5.07	75.55
	草地	172 612	0.99	30.58	85.68
	湿地	151 169	0.22	9.85	75.73
	耕地	715	0.82	0.09	88.51
	人工表面	7 614	0.04	0.23	39.95
	其他	228 178	0.59	22.55	86.56
2005	林地	59 256	0.28	5.07	75.55
	草地	172 645	0.99	30.58	85.68
	湿地	151 457	0.22	9.89	75.91
	耕地	700	0.81	0.08	88.37
	人工表面	7 644	0.04	0.23	40.62
	其他	228 358	0.59	22.55	86.53
2010	林地	59 264	0.28	5.07	75.55
	草地	172 636	0.99	30.57	85.68
	湿地	151 872	0.22	9.92	76.03
	耕地	692	0.80	0.08	88.37
	人工表面	7 646	0.04	0.24	41.62
	其他	228 374	0.59	22.54	86.51

　　三江源区一级生态类型中边界密度最大的为草地，边界密度最小的为耕地。聚集度指数最小的为人工表面，聚集度指数由 39.95 增加为 41.62，增加了 1.67，其边界密度约为 22.54m/hm²。

2.1.2　植被盖度及净初级生产力变化

2.1.2.1　草地生态系统

1）草地生态系统盖度

三江源区草地盖度中较低级别（20%～40%）的所占比例较高，其次为低级别（0～20%）、中级别（40%～60%）、较高级别（60%～80%）和高级别（80%～100%）较少。2000～2010年草地盖度有上升的趋势。2000～2010年三江源区草地生态系统年均植被盖度见表2-10。

表 2-10　2000～2010 年三江源区草地生态系统年均植被盖度

年份	统计参数	年均植被盖度				
		低 （0～20%）	较低 （20%～40%）	中 （40%～60%）	较高 （60%～80%）	高 （80%～100%）
2000	面积/km²	71 664.56	90 863.13	9 142.63	15.75	0
	比例/%	41.74	52.92	5.33	0.01	0
2001	面积/km²	80 603.13	86 004.81	5 073.25	4.88	0
	比例/%	46.95	50.09	2.95	0	0
2002	面积/km²	78 510.19	87 526.63	5 640.69	8.56	0
	比例/%	45.73	50.98	3.29	0	0
2003	面积/km²	77 431.13	87 293.19	6 956.63	5.13	0
	比例/%	45.10	50.84	4.05	0	0
2004	面积/km²	76 650.63	81 921.88	13 096.19	10.19	0
	比例/%	44.65	47.72	7.63	0.01	0
2005	面积/km²	72 915.63	77 144.19	21 599.25	19.81	0
	比例/%	42.47	44.94	12.58	0.01	0
2006	面积/km²	74 653.56	86 227.00	10 789.13	9.19	0
	比例/%	43.48	50.23	6.28	0.01	0
2007	面积/km²	73 662.63	90 310.06	7 697.44	8.75	0
	比例/%	42.91	52.60	4.48	0.01	0

年份	统计参数	年均植被盖度				
		低 （0~20%）	较低 （20%~40%）	中 （40%~60%）	较高 （60%~80%）	高 （80%~100%）
2008	面积/km²	90 883.44	76 640.88	4 140.81	4.44	0
	比例/%	52.94	44.64	2.41	0	0
2009	面积/km²	75 956.06	82 334.50	13 362.19	16.81	0
	比例/%	44.25	47.96	7.78	0.01	0
2010	面积/km²	61 895.63	93 093.69	16 664.94	15.31	0
	比例/%	36.06	54.23	9.71	0.01	0

草地生态系统是三江源区中分布面积最大的生态系统，空间分布上自东向西覆盖度逐渐降低，盖度最高的为河南县，盖度最低的区域在三江源区的西部（图2-3）。

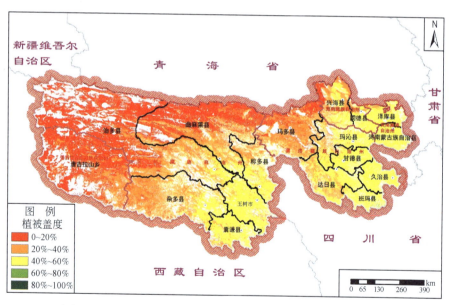

图2-3 三江源区2010年草地生态系统植被盖度分布图

通过对草地盖度年均变异系数（表2-11~表2-13）分析，2000~2010年草地盖度变异系数波动不大，波动主要集中在较低等级。对比2000~2010年的草地年均盖度和变异系数，发现年均变异系数越小则年均盖度越高，草地的年均盖度和变异系数之间存在较高的负相关关系。因此，变异系数小则表明三江源区草地越向好的趋势发展。

2000～2010 年三江源区草地生态系统植被盖度变异系数在空间分布上并无较大变化，整体保持相对平衡。

表 2-11　2000～2010 年草地生态系统植被盖度年均变异系数

年份	2000	2001	2002	2003	2004	2005	2006	2007	2008	2009	2010
年均盖度	27.58	25.99	26.70	27.06	28.11	29.66	27.97	27.62	24.89	28.19	30.22
变异系数	0.83	0.86	0.81	0.75	0.78	0.78	0.79	0.77	0.93	0.86	0.74

表 2-12　三江源区草地生态系统植被盖度年变异系数各等级面积及比例

年份	统计参数	低 (0~0.5)	较低 (0.5~1)	中 (1~1.5)	较高 (1.5~2)	高 (2~∞)
2000	面积/km²	3 278.50	133 387.81	31 325.25	2 544.44	744.13
	比例/%	1.91	77.88	18.29	1.49	0.43
2001	面积/km²	2 015.38	126 008.88	35 844.31	5 791.31	1 573.31
	比例/%	1.18	73.59	20.93	3.38	0.92
2002	面积/km²	2 272.94	133 914.00	28 370.69	5 207.88	1 536.25
	比例/%	1.33	78.17	16.56	3.04	0.90
2003	面积/km²	2 932.44	147 508.00	16 992.63	2 840.38	1 021.13
	比例/%	1.71	86.11	9.92	1.66	0.60
2004	面积/km²	2 066.94	132 948.44	30 332.56	4 656.38	1 314.50
	比例/%	1.21	77.60	17.71	2.72	0.77
2005	面积/km²	5 791.69	125 904.50	32 197.75	6 052.50	1 362.81
	比例/%	3.38	73.50	18.80	3.53	0.80
2006	面积/km²	2 284.69	135 590.38	28 963.88	3 818.63	713.63
	比例/%	1.33	79.12	16.90	2.23	0.42
2007	面积/km²	2 337.88	141 872.94	22 684.75	3 440.13	1 036.69
	比例/%	1.36	82.79	13.24	2.01	0.60
2008	面积/km²	1 804.06	87 888.75	73 803.38	6 412.63	1 386.94
	比例/%	1.05	51.31	43.09	3.74	0.81

续表

年份	统计参数	低（0~0.5）	较低（0.5~1）	中（1~1.5）	较高（1.5~2）	高（2~∞）
2009	面积/km²	1 727.00	108 071.25	51 475.25	8 739.19	1 353.69
	比例/%	1.01	63.06	30.04	5.10	0.79
2010	面积/km²	2 427.06	145 236.25	21 244.31	2 082.75	414.94
	比例/%	1.42	84.73	12.39	1.22	0.24

表 2-13　三江源区各县草地生态系统年均盖度　　　　（单位:%）

区域	2000 年	2001 年	2002 年	2003 年	2004 年	2005 年	2006 年	2007 年	2008 年	2009 年	2010 年
班玛县	35.88	34.14	33.50	35.62	37.15	38.86	36.58	34.39	31.91	35.98	38.75
称多县	28.35	26.55	27.13	27.62	28.91	28.37	28.59	28.75	23.56	27.50	30.47
达日县	28.24	25.78	25.61	27.20	28.72	30.06	28.55	28.57	23.25	27.72	30.91
甘德县	32.30	29.88	32.15	33.20	34.71	36.06	34.14	32.98	29.18	34.24	36.46
唐古拉山乡	11.61	10.77	10.90	10.85	10.10	10.84	10.67	10.73	10.00	11.00	13.07
河南县	38.06	37.66	38.85	38.77	41.31	44.69	40.49	39.68	37.60	41.50	42.49
久治县	37.16	34.31	36.15	37.03	37.80	40.84	38.23	35.83	33.64	37.24	39.77
玛多县	18.40	14.94	16.38	15.94	16.03	16.87	17.28	17.43	13.67	17.54	20.19
玛沁县	30.88	28.43	30.24	31.21	31.92	32.62	31.71	31.49	27.81	31.52	33.60
囊谦县	33.34	32.33	31.26	32.26	33.08	33.91	31.19	32.27	30.06	32.29	34.13
曲麻莱县	16.20	14.44	14.40	14.51	15.07	16.21	15.84	15.27	13.40	15.56	17.78
同德县	32.02	30.81	31.96	31.29	33.92	36.86	33.27	33.36	31.84	35.08	34.94
兴海县	22.40	21.82	24.88	22.67	23.19	26.65	24.40	24.17	23.21	25.59	26.78
玉树市	31.68	30.71	31.08	31.44	33.35	33.70	31.75	31.79	28.25	32.65	34.81
杂多县	23.13	21.72	21.26	21.87	21.62	22.61	21.30	21.96	18.76	21.29	24.29
泽库县	33.59	32.65	33.58	33.72	36.12	39.28	35.98	35.39	33.16	36.85	37.61
治多县	15.62	14.84	14.67	14.88	14.90	15.86	15.58	15.41	13.79	15.66	17.74

2) 草地生态系统净初级生产力

2000~2010 年三江源区草地生态系统净初级生产力年总量和年净初级生产力变化波动较大，两者的变化趋势保持一致，均在 2003 年达到最小值，在 2007 年达到最大值。这 10 年间三江源区草地生态系统年净初级生产力均未达到全球平均水平［237gC/（m^2·a）］，见表2-14。

表2-14 2000～2010年草地生态系统净初级生产力年总量和年净初级生产力

年份	2000	2001	2002	2003	2004	2005	2006	2007	2008	2009	2010
净初级生产力年总量/（10^{6}tC）	21.54	20.06	20.03	17.55	20.95	20.11	20.33	22.16	21.05	19.79	22.27
年净初级生产力/［gC/（m^2·a）］	125.47	116.90	116.67	102.25	122.04	117.17	118.43	129.10	122.61	115.31	129.73

三江源区草地的净初级生产力（NPP）在低等级分布的面积最多，其次为较低等级，中等级、较高和高等级分布的面积最少（表2-15、表2-16）。草地年NPP较低等级面积主要集中分布于囊谦县、玉树市、河南县、甘德县、斑玛县和久治县。通过对比可知，三江源区2005年较低等级草地面积有所减少，表明在此期间草地有所退化。

表2-15 草地生态系统年均净初级生产力各等级面积及比例

［单位：gC/（m^2·a）］

年份	统计参数	低 (0～200)	较低 (200～300)	中 (300～400)	较高 (400～500)	高 (>500)
2000	面积/km^2	142 740.44	28 895.81	25.69	0	0
	比例/%	83.15	16.83	0.01	0	0
2001	面积/km^2	150 130.88	21 489.38	18.69	0.25	0
	比例/%	87.47	12.52	0.01	0	0
2002	面积/km^2	149 136.31	22 486.50	38.06	1.06	0
	比例/%	86.88	13.10	0.02	0	0
2003	面积/km^2	168 108.25	3 547.25	6.44	0	0
	比例/%	97.93	2.07	0	0	0
2004	面积/km^2	142 948.63	28 688.25	20.06	0.06	0
	比例/%	83.28	16.71	0.01	0	0
2005	面积/km^2	151 584.81	20 049.19	22.75	0.25	0
	比例/%	88.31	11.68	0.01	0	0

年份	统计参数	低 （0～200）	较低 （200～300）	中 （300～400）	较高 （400～500）	高（>500）
2006	面积/km²	152 898.19	18 741.25	17.44	0.13	0
	比例/%	89.07	10.92	0.01	0	0
2007	面积/km²	146 756.50	24 866.69	33.38	0.44	0
	比例/%	85.49	14.49	0.02	0	0
2008	面积/km²	148 973.44	22 639.19	36.31	0.63	0
	比例/%	86.79	13.19	0.02	0	0
2009	面积/km²	157 044.69	14 587.69	18.69	0.25	0
	比例/%	91.49	8.50	0.01	0	0
2010	面积/km²	143 433.81	28 183.88	38.06	1.06	0
	比例/%	83.56	16.42	0.01	0	0

表 2-16 三江源区各县草地生态系统净初级生产力

［单位：gC/（m²·a）］

区域	2000 年	2001 年	2002 年	2003 年	2004 年	2005 年	2006 年	2007 年	2008 年	2009 年	2010 年
班玛县	189.49	189.83	194.37	157.13	190.27	168.93	183.25	180.85	171.55	168.39	183.02
达日县	170.10	155.86	148.89	128.53	166.60	155.29	159.58	154.50	139.49	152.10	167.44
甘德县	194.90	188.33	191.39	161.81	207.62	184.13	185.63	178.19	179.51	178.34	193.83
久治县	191.29	184.99	197.84	155.55	197.53	174.99	193.74	191.22	193.20	171.04	189.82
玛多县	111.13	92.94	92.92	83.31	96.86	90.41	98.89	98.62	86.91	98.04	115.17
玛沁县	178.34	173.12	170.87	149.57	186.35	162.30	165.98	165.85	169.43	158.65	175.36
同德县	73.74	72.06	70.13	64.12	79.54	71.77	69.60	180.77	194.48	69.88	72.34
兴海县	117.64	114.08	121.67	109.30	123.79	118.98	113.60	129.02	137.58	120.38	129.00
河南县	194.91	202.07	199.08	181.71	222.23	203.11	209.50	238.34	236.77	182.65	203.24
泽库县	78.38	77.02	74.79	73.65	89.73	81.85	81.44	202.47	208.00	75.00	82.56
称多县	181.77	163.95	165.44	133.09	172.35	161.65	173.64	159.82	145.04	161.73	182.00
囊谦县	200.01	187.76	190.86	163.89	185.82	195.36	181.79	190.43	167.27	183.65	207.16
曲麻莱县	92.89	82.98	80.39	73.52	86.93	87.92	88.37	92.86	86.75	84.93	99.57
玉树市	193.37	177.55	180.47	149.08	183.52	178.97	174.18	185.66	169.01	179.20	201.16
杂多县	127.39	115.71	113.38	102.62	117.25	120.95	113.36	118.02	107.47	120.61	134.64

区域	2000 年	2001 年	2002 年	2003 年	2004 年	2005 年	2006 年	2007 年	2008 年	2009 年	2010 年
治多县	71.16	67.05	64.86	60.23	68.16	68.70	69.89	87.64	82.26	68.57	78.88
唐古拉山乡	70.46	63.98	64.85	61.03	63.76	62.19	64.94	65.14	62.18	65.86	75.27

2000 ~ 2010 年，草地净初级生产力的年均变异系数在较低和中等等级，数值波动较大，说明三江源区草地植被年均生产有微弱变化（表2-17）。

表 2-17　2000 ~ 2010 年草地生态系统净初级生产力年均变异系数

年份	2000	2001	2002	2003	2004	2005	2006	2007	2008	2009	2010
年均变异系数	1.06	1.02	0.99	0.87	0.92	0.91	1.08	0.92	1.01	1.02	0.96

三江源区草地净初级生产力年变异系数在不同等级的面积分布变化较大，但大部分均在较低、中和较高等级，表明草地的生产不太稳定（表2-18，表2-16）。

表 2-18　草地生态系统净初级生产力年变异系数各等级面积及比例

年份	统计参数	低 (0~0.5)	较低 (0.5~1)	中 (1~1.5)	较高 (1.5~2)	高 (2~∞)
2000	面积/km²	602.88	56 860.75	112 364.75	1 843.63	12.63
	比例/%	0.35	33.12	65.45	1.07	0.01
2001	面积/km²	3 366.69	61 671.13	104 377.25	2 260.00	8.00
	比例/%	1.96	35.92	60.80	1.32	0
2002	面积/km²	3 225.63	68 957.88	98 446.56	1 016.00	39.25
	比例/%	1.88	40.17	57.34	0.59	0.02
2003	面积/km²	6 728.75	120 434.81	44 243.13	264.63	11.44
	比例/%	3.92	70.15	25.77	0.15	0.01
2004	面积/km²	4 148.19	103 152.38	64 134.25	234.06	7.25
	比例/%	2.42	60.09	37.36	0.14	0
2005	面积/km²	4 275.44	115 055.56	50 911.50	1 418.25	16.38
	比例/%	2.49	67.02	29.66	0.83	0.01

年份	统计参数	低 (0~0.5)	较低 (0.5~1)	中 (1~1.5)	较高 (1.5~2)	高 (2~∞)
2006	面积/km²	618.13	49 541.69	118 893.88	2 605.00	19.06
	比例/%	0.36	28.86	69.25	1.52	0.01
2007	面积/km²	3 676.69	103 652.81	64 286.81	51.13	10.00
	比例/%	2.14	60.38	37.45	0.03	0.01
2008	面积/km²	1 798.06	79 283.00	90 035.69	539.25	11.56
	比例/%	1.05	46.18	52.45	0.31	0.01
2009	面积/km²	1 716.88	72 004.44	96 950.50	979.88	16.63
	比例/%	1.00	41.94	56.48	0.57	0.01
2010	面积/km²	1 880.38	98 352.31	71 383.44	42.50	9.00
	比例/%	1.10	57.29	41.58	0.02	0.01

2.1.2.2 湿地生态系统

1）湿地植被盖度

三江源区湿地生态系统植被盖度的较低级别（20%~40%）所占比例最高，其次为低级别（0~20%），而中等、较高、高级别所占比例较小（表2-19）。2000~2005年，湿地低级别盖度面积有所下降，较低级别有所增长；2005~2010年，湿地低级别盖度面积先上升后下降，较低级别的面积先下降后上升。2000~2010年湿地生态系统植被盖度较低级别略有增加，低级别有所下降。

表2-19 湿地生态系统年均植被盖度各等级面积及比例

年份	统计参数	植被盖度/%				
		低 (0~20%)	较低 (20%~40%)	中 (40%~60%)	较高 (60%~80%)	高 (80%~100%)
2000	面积/km²	13 103.38	19 248.13	264.56	0.25	0
	比例/%	40.17	59.01	0.81	0.01	0

年份	统计参数	植被盖度/%				
		低 （0~20%）	较低 （20%~40%）	中 （40%~60%）	较高 （60%~80%）	高 （80%~100%）
2001	面积/km²	15 186.31	17 288.19	141.81	0	0
	比例/%	46.56	53.01	0.43	0	0
2002	面积/km²	15 172.81	17 229.56	213.50	0.44	0
	比例/%	46.52	52.82	0.65	0	0
2003	面积/km²	14 516.38	17 874.88	224.94	0.13	0
	比例/%	44.51	54.80	0.69	0	0
2004	面积/km²	15 124.25	17 337.88	468.75	0	0
	比例/%	45.93	52.65	1.42	0	0
2005	面积/km²	14 902.69	17 230.56	797.56	0.06	0
	比例/%	45.25	52.32	2.42	0	0
2006	面积/km²	14 393.94	18 130	406.94	0	0
	比例/%	43.71	55.05	1.24	0	0
2007	面积/km²	14 126.31	18 524.75	279.81	0	0
	比例/%	42.90	56.25	0.85	0	0
2008	面积/km²	20 781.69	12 352.44	122.50	0	0
	比例/%	62.49	37.14	0.37	0	0
2009	面积/km²	16 312.56	16 432.81	511.00	0.25	0
	比例/%	49.05	49.41	1.54	0	0
2010	面积/km²	12 742.38	19 895.44	618.69	0.13	0
	比例/%	38.32	59.82	1.86	0	0

2000~2010年，三江源区的湿地生态系统湿地盖度各等级空间分布的变化不明显，盖度最大的区域主要在称多县东部、杂多县中部、治多县东部。

2000~2010年，湿地盖度年均变异系数整体波动很小（表2-20）。比较这10年间的年均盖度和变异系数，年均盖度和变异系数的变化趋势相反，年均变异系数越小则年均盖度越高，反之，年均变异系数越大则年均盖度越小。湿地生态系统年均盖度和变异系数之间存在一定的负相关关系。因此，三江源区变异系数越小，表明植被越向好的趋势发展。

表 2-20   2000～2010 年湿地生态系统植被盖度年均变异系数

年份	2000	2001	2002	2003	2004	2005	2006	2007	2008	2009	2010
年均覆盖度	25.33	23.56	24.76	25.18	25.81	26.71	25.86	25.53	22.01	25.41	27.74
变异系数	0.89	0.93	0.86	0.79	0.84	0.85	0.84	0.81	1.02	0.91	0.79

2000～2005 年，湿地盖度年变异系数在较低等级的面积先上升后下降，而中等级面积比例先下降后上升，此期间三江源区湿地盖度逐渐变差（表2-21）。2005～2010 年，湿地盖度变异系数在较低等级的面积比例先降低后增加，中等级面积比例先升高后降低，此期间湿地植被盖度逐渐变好。2000～2010 年三江源区湿地植被盖度有所下降。

表 2-21   湿地生态系统植被盖度年变异系数各等级面积及比例

年份	统计参数	低 (0～0.5)	较低 (0.5～1)	中 (1～1.5)	较高 (1.5～2)	高 (2～∞)
2000	面积/km²	150.50	20 700.25	4 374.31	613.38	662.25
	比例/%	0.57	78.11	16.51	2.31	2.50
2001	面积/km²	91.81	19 550.94	5 089.19	963.00	887.25
	比例/%	0.35	73.55	19.15	3.62	3.34
2002	面积/km²	122.00	21 244.88	3 703.75	969.50	1 077.56
	比例/%	0.45	78.34	13.66	3.58	3.97
2003	面积/km²	273.44	23 015.94	1 977.50	661.31	775.69
	比例/%	1.02	86.19	7.41	2.48	2.90
2004	面积/km²	145.44	20 847.25	4 215.25	767.50	743.06
	比例/%	0.54	78.03	15.78	2.87	2.78
2005	面积/km²	258.69	18 923.19	5 545.25	989.13	792.50
	比例/%	0.98	71.38	20.92	3.73	2.99
2006	面积/km²	97.00	20 422.50	4 630.31	758.31	680.81
	比例/%	0.36	76.81	17.41	2.85	2.56
2007	面积/km²	115.75	22 660.38	2 263.06	741.31	788.63
	比例/%	0.44	85.29	8.52	2.79	2.97

年份	统计参数	低 (0~0.5)	较低 (0.5~1)	中 (1~1.5)	较高 (1.5~2)	高 (2~∞)
2008	面积/km²	73.50	9 100.44	15 588.38	1 068.69	874.44
	比例/%	0.28	34.08	58.37	4.00	3.27
2009	面积/km²	108.75	14 027.13	10 765.75	1 129.63	891.75
	比例/%	0.40	52.10	39.99	4.20	3.31
2010	面积/km²	125.13	22 486.81	2 875.38	771.19	691.50
	比例/%	0.46	83.44	10.67	2.86	2.57

2000~2010 年，三江源区湿地生态系统盖度在空间分布的变化不明显，盖度变异系数最大的区域主要在称多县东部、杂多县中部、治多县东部（表2-22）。

表 2-22   三江源区各县湿地生态系统覆盖度   （单位:%）

区域	2000年	2001年	2002年	2003年	2004年	2005年	2006年	2007年	2008年	2009年	2010年
班玛县	31.87	30.80	29.81	32.05	34.26	35.63	33.52	31.66	27.61	32.66	34.89
称多县	27.16	24.09	24.16	25.02	26.05	24.17	26.80	27.28	20.11	24.46	28.82
达日县	27.66	24.24	25.20	27.53	28.46	28.60	28.22	29.61	22.39	26.55	31.80
甘德县	27.09	23.17	27.79	28.97	29.42	29.00	29.39	28.20	23.81	28.33	31.51
唐古拉山乡	7.51	7.03	7.11	7.13	6.51	6.59	6.66	6.75	6.14	6.60	7.96
河南县	36.67	37.05	38.59	37.93	40.62	43.89	39.55	38.69	36.72	40.84	41.48
久治县	36.54	34.64	36.70	37.44	38.10	41.98	38.38	35.94	33.43	37.36	39.49
玛多县	16.43	14.04	14.88	14.73	15.45	14.40	16.06	15.76	11.80	14.41	16.95
玛沁县	25.06	20.58	25.07	26.23	25.85	25.47	26.50	26.26	20.85	25.76	29.02
囊谦县	32.05	30.85	31.08	31.22	31.98	33.02	30.72	30.91	28.20	31.30	32.56
曲麻莱县	19.39	17.05	16.72	17.23	17.40	18.19	18.84	18.01	14.34	17.04	19.99
同德县	17.09	17.31	19.19	16.66	19.10	20.81	18.45	19.32	17.75	20.40	19.68
兴海县	22.14	20.42	23.18	23.15	21.45	22.77	22.98	22.10	20.11	22.42	24.44
玉树市	29.31	28.24	29.30	30.28	30.55	31.08	29.67	30.14	25.88	30.77	32.96
杂多县	25.32	23.95	23.70	24.04	23.05	24.03	23.36	23.67	19.61	22.01	26.26
泽库县	36.33	34.62	36.03	36.06	38.60	41.89	38.24	37.34	34.94	39.17	39.89
治多县	13.03	12.42	12.46	12.32	11.95	12.61	12.26	12.42	10.43	11.92	13.97

2）湿地生态系统净初级生产力

2000~2010 年，三江源区湿地生态系统净初级生产力波动较大，湿地生态系统净初级生产力年总量和年净初级生产力，两者的变化趋势保持一致（表 2-23）。10 年间，三江源区湿地生态系统年净初级生产力均未达到全球平均水平 $[237.5 gC/(m^2 \cdot a)]$。

表 2-23 2000~2010 年湿地生态系统净初级生产力年总量和年净初级生产力

年份	2000	2001	2002	2003	2004	2005	2006	2007	2008	2009	2010
净初级生产力年总量 $/(10^6 tC)$	3.50	3.12	3.07	2.68	3.24	3.12	3.32	3.46	3.10	3.09	3.60
年净初级生产力 $/[gC/(m^2 \cdot a)]$	107.39	95.73	94.03	82.23	98.45	94.62	100.83	105.19	93.35	92.78	108.26

三江源区湿地生态系统的净初级生产力在低等级分布的面积最多，在中等、较高和高等级分布的面积较少（表 2-24）。三江源区湿地生态系统净初级生产力中低等级湿地主要分布在称多县东部、杂多县中部、治多县东部。

表 2-24 湿地生态系统年均净初级生产力各等级面积及比例

年份	统计参数	低 (0~200)	较低 (200~300)	中 (300~400)	较高 (400~500)	高 (>500)
2000	面积/km²	30 946.63	1 668.63	1.06	0	0
	比例/%	94.88	5.12	0	0	0
2001	面积/km²	31 932.31	677.13	0.44	0	0
	比例/%	97.92	2.08	0	0	0
2002	面积/km²	31 818.44	795.88	1.88	0.13	0
	比例/%	97.55	2.44	0.01	0	0
2003	面积/km²	32 474.69	141.50	0.13	0	0
	比例/%	99.57	0.43	0	0	0
2004	面积/km²	31 637.75	1 292.94	0.19	0	0
	比例/%	96.07	3.93	0	0	0

年份	统计参数	低 (0~200)	较低 (200~300)	中 (300~400)	较高 (400~500)	高 (>500)
2005	面积/km²	32 205.06	725.25	0.56	0	0
	比例/%	97.80	2.20	0	0	0
2006	面积/km²	31 753.56	1 177.06	0.25	0	0
	比例/%	96.42	3.57	0	0	0
2007	面积/km²	31 905.69	1 024.88	0.31	0	0
	比例/%	96.89	3.11	0	0	0
2008	面积/km²	32 425.06	831.13	0.44	0	0
	比例/%	97.50	2.50	0	0	0
2009	面积/km²	32 668.69	587.31	0.63	0	0
	比例/%	98.23	1.77	0	0	0
2010	面积/km²	31 595.81	1 660.00	0.81	0	0
	比例/%	95.01	4.99	0	0	0

2000~2010年，三江源区湿地生态系统净初级生产力的年均变异系数波动较大，说明湿地生态系统存在一定的年际波动（表2-25）。

表2-25　2000~2010年湿地生态系统净初级生产力年均变异系数

年份	2000	2001	2002	2003	2004	2005	2006	2007	2008	2009	2010
年均变异系数	1.38	1.35	1.35	1.22	1.30	1.32	1.48	1.32	1.42	1.41	1.25

三江源区湿地生态系统净初级生产力年变异系数在不同等级的面积分布不同，较低和中等级面积较大，表明湿地生态系统的生产不太稳定（表2-26）。三江源区各县湿地生态系统净初级生产力也存在差异（表2-27）。

表2-26　湿地生态系统净初级生产力年变异系数各等级面积及比例

年份	统计参数	低 (0~0.5)	较低 (0.5~1)	中 (1~1.5)	较高 (1.5~2)	高 (2~∞)
2000	面积/km²	307.69	4 686.88	21 990.38	846.38	3 615.13
	比例/%	0.98	14.90	69.93	2.69	11.50

续表

年份	统计参数	低 (0~0.5)	较低 (0.5~1)	中 (1~1.5)	较高 (1.5~2)	高 (2~∞)
2001	面积/km²	720.19	5 358.00	20 879.56	935.00	3 190.50
	比例/%	2.32	17.24	67.17	3.01	10.26
2002	面积/km²	555.81	7 007.88	19 573.63	677.44	3 847.31
	比例/%	1.76	22.13	61.82	2.14	12.15
2003	面积/km²	1 066.38	18 112.00	8 225.00	576.69	3 545.94
	比例/%	3.38	57.45	26.09	1.83	11.25
2004	面积/km²	898.56	12 874.06	13 835.56	628.44	3 805.63
	比例/%	2.80	40.18	43.18	1.96	11.88
2005	面积/km²	929.56	10 746.19	15 493.75	761.75	3 566.25
	比例/%	2.95	34.12	49.19	2.42	11.32
2006	面积/km²	22.94	4 008.63	22 523.00	1 096.88	3 840.81
	比例/%	0.07	12.73	71.52	3.48	12.20
2007	面积/km²	776.50	12 738.38	13 719.13	628.63	3 895.69
	比例/%	2.45	40.11	43.20	1.98	12.27
2008	面积/km²	510.50	5 928.06	20 909.88	700.31	3 718.31
	比例/%	1.61	18.66	65.82	2.20	11.70
2009	面积/km²	739.38	5 396.19	21 318.19	779.81	3 687.94
	比例/%	2.32	16.90	66.78	2.44	11.55
2010	面积/km²	615.19	10 011.19	16 978.13	918.13	3 110.88
	比例/%	1.94	31.65	53.67	2.90	9.83

表 2-27　三江源区各县湿地生态系统净初级生产力

[单位：gC/(m²·a)]

区域	2000 年	2001 年	2002 年	2003 年	2004 年	2005 年	2006 年	2007 年	2008 年	2009 年	2010 年
班玛县	178.46	174.16	169.24	143.44	181.70	163.79	172.10	167.13	153.59	162.52	173.07
达日县	169.99	148.35	145.18	127.42	165.86	152.88	160.70	159.05	136.51	147.60	173.50
甘德县	172.37	156.44	169.31	143.34	185.35	155.77	164.84	158.95	151.53	152.57	170.39
久治县	188.94	183.29	198.08	155.51	199.26	178.94	194.21	193.18	196.02	173.49	189.53
玛多县	103.27	89.91	88.15	75.11	93.74	81.60	97.07	89.93	76.38	82.62	100.10

区域	2000 年	2001 年	2002 年	2003 年	2004 年	2005 年	2006 年	2007 年	2008 年	2009 年	2010 年
玛沁县	158.94	139.93	148.70	128.93	162.56	138.09	151.86	148.51	133.46	139.87	159.84
同德县	56.22	57.98	63.30	50.80	64.94	57.21	53.39	111.77	115.39	60.55	59.09
兴海县	127.23	116.07	117.25	115.65	127.51	111.07	113.97	124.73	123.05	111.30	121.23
河南县	193.02	203.52	203.45	185.91	227.82	208.88	215.54	243.30	240.94	188.31	212.06
泽库县	58.00	57.31	56.52	55.34	67.68	61.97	61.93	216.03	223.52	56.30	61.81
称多县	164.35	142.82	136.67	111.31	151.07	138.83	163.60	144.49	121.78	139.74	166.18
囊谦县	191.99	180.40	190.41	159.96	179.66	188.02	176.52	181.93	159.85	178.31	196.97
曲麻莱县	111.11	96.03	91.91	83.45	99.00	98.14	106.96	106.22	91.40	92.57	111.76
玉树市	162.82	148.38	151.29	128.38	154.15	152.32	146.98	174.37	156.16	152.21	171.65
杂多县	137.68	126.17	124.59	110.99	124.22	129.27	125.27	127.95	115.47	128.31	143.59
治多县	60.23	54.42	52.69	47.26	53.63	54.94	55.57	73.84	66.53	52.18	61.50
唐古拉山乡	48.37	42.54	43.55	40.75	42.18	40.63	42.84	41.78	40.20	43.61	49.64

2.1.3 草地退化分析

通过对三江源区近 30 年生态系统变化数据进行分析可知，20 世纪八九十年代，草地退化已经形成，退化草地约占 63%，其中重度退化为 12.8% ~ 13.5%，中度退化为 17.1% ~ 17.3%。尽管在 2000 年之后，三江源区植被覆盖状况有一定程度的改善，但大面积的退化草地并未得到实质性的恢复，只是在禁牧、移民等措施下得到暂时控制。比较 2001 ~ 2006 年三江源区草地盖度平均值与 1982 ~ 1990 年草地盖度平均值，显示出三江源区草地程退化趋势。三江源区现状退化草地总面积为 19.6 万 km²，占该区总面积的 56.7%，其中轻度退化面积为 10.32 万 km²，占 30.5%，中度退化面积为 5.42 万 km²，占 15.9%，而重度退化草地面积为 3.56 万 km²，占 10.3%。

2.2 生态系统服务功能

2.2.1 水源涵养功能

2.2.1.1 持水量实测结果

课题组在三江源区的黄南州、果洛州和玉树州实测了部分区域的土壤持水量。实测结果表明，高山草甸土的最大持水量在 974～1728.45t/hm² 。除玉树州外，重度退化草地的水源涵养能力较低，而中度退化草地与未退化草地之间水源涵养能力的差异不明显，其原因可能是土壤持水能力与地表植被退化之间存在着时滞效应，土壤持水能力下降在植被长期、严重退化时产生（图2-4、表2-28）。玉树州的结果有待进一步验证、解释。土壤非毛管孔隙度与植被盖度存在较好的线性相关性，表明植被是否退化能够影响到土壤的性质，进而对生态系统的水源涵养等功能产生影响。在生态系统服务功能评估过程中要充分考虑生态系统状况的影响。

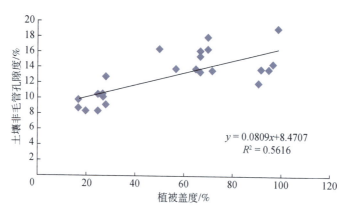

图 2-4 三江源区植被盖度与土壤持水能力的关系

表 2-28　三江源区植被盖度、土壤持水量和毛管孔隙度实测数据

区域	类型	植被盖度/%	土壤持水量/(t/hm²)	土壤毛管孔隙度/%
黄南州	未退化草地	96.11	1685.23	4.08
	中度退化草地	65.00	1691.00	2.93
	重度退化草地	23.78	1360.00	2.13
玉树州	未退化草地	90.00	974.00	2.26
	中度退化草地	72.00	1728.45	3.25
	重度退化草地	28.00	1550.10	4.91
果洛州	未退化草地	89.33	1594.99	5.54
	中度退化草地	53.75	1294.38	2.88
	重度退化草地	21.75	996.70	3.05

2.2.1.2　水源涵养功能评估

本书利用水量平衡法估算三江源区水源涵养功能。水量平衡法是依据水量平衡原理，在测定出研究区植被生长期始末的土壤含水量、土壤蒸发量、降雨量、径流量和渗透量后，推算出植被生长期的散发量。

水量平衡方程为：

$$P + E + \Delta W + R \qquad (2\text{-}1)$$

式中，P 为大气降水量（mm）；E 为蒸散量；R 为地表径流量；ΔW 为土壤储水量变化。

根据水量平衡法假定地表径流量即为涵养水源量，$\Delta W + R$ 是整个区域储存的水量和提供给江河径流的水量，可视为该区域水源涵养能力的体现，能通过降雨与蒸散的差值来实现。

结合 MODIS 数据反演的植被盖度及生态系统类型数据，计算得到三江源区 2000 年、2005 年和 2010 年的水源涵养量分别为 26.15 亿 m³、24.26 亿 m³ 和 33.41 亿 m³。三江源区 2010 年水源涵养能力分布如图 2-5 所示。三江源区 2000～2010 年水源涵养变化如图 2-6 所示。区域分布上，东部各县水源涵养量高，西部各县低，呈现由东向西、由东南向西北逐步降低的趋势，与降水量东

南到西北递减的空间分布，由东南向西北的林地、草地、荒漠等植被水平地带性分布规律密切相关。时间动态变化方面，2005 年的水源涵养量低于 2000 年，而 2010 年则高于 2000 年和 2005 年。

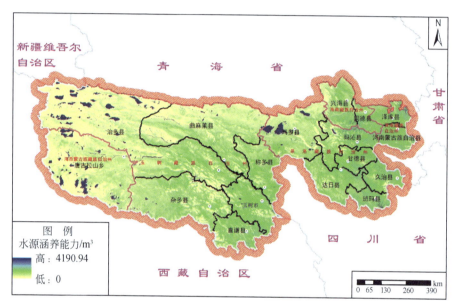

图 2-5　三江源区 2010 年水源涵养能力分布

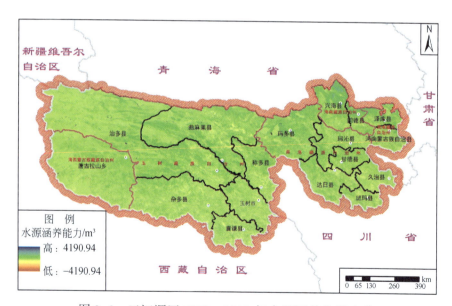

图 2-6　三江源区 2000～2010 年水源涵养状况变化

由于对水源涵养的理解和界定不同，不同方法计算的三江源区水源涵养功能结果差异较大。综合蓄水量法得到的三江源区的水源涵养理论能力为159亿~165亿m³（刘敏超等，2006）。INVEST模型的计算结果则显示三江源区近30年来的水源涵养量有逐渐下降的趋势（潘韬等，2013）。基于生态系统类型数据，利用降水储存量法得到1985年水源涵养量为9.313亿m³，1996年为9.505亿m³，2000年为9.316亿m³，2008年为10.172亿m³（陈春阳等，2012）。本书中的计算方法既考虑了理论涵养量，又体现了生态系统变化对水源涵养能力的影响，所得结果较为可信。结合上述结果，从更长的时间尺度来看，三江源区水源涵养能力呈波动趋势，总体变化不大。

2.2.2 土壤保持功能

本书利用改进的通用土壤流失方程（USLE）计算三江源区的土壤保持量。土壤保持量方程为：

$$\text{SC} = R \times K \times \text{LS} \times (1 - C \times P) \tag{2-2}$$

式中，R 为降雨侵蚀力因子；K 为土壤可蚀性因子；LS 为地形因子；C 为植被覆盖因子；P 为土壤保持措施因子。

各个因子计算公式见 2.2.2.1 节~2.2.2.5 节。

2.2.2.1 降雨侵蚀力因子 R

降雨侵蚀力因子 R 是指降雨引起侵蚀的潜在能力，是土壤流失方程中首要的基础因子。R 的大小可以决定一次降雨或多次降雨的量、降雨强度以及持续时间等因素。以半日降雨量为基础分别计算每个月的降雨侵蚀力因子。计算公式如下：

$$\overline{R} = \sum_{K-1}^{12} \overline{R}_{月K} \tag{2-3}$$

$$\overline{R}_{月K} = \frac{1}{N} \sum_{i=1}^{n} \left(\alpha \sum_{j=1}^{m} P_{\text{d}ij}^{\beta} \right) \tag{2-4}$$

$$\alpha = 21.239\beta^{-7.3967} \tag{2-5}$$

$$\beta = 0.6243 + \frac{27.346}{\overline{P}_{d12}} \tag{2-6}$$

$$\overline{P}_{d12} = \frac{1}{n} \sum_{l=1}^{n} \overline{P}_{dl} \tag{2-7}$$

式中，$\overline{R}$ 为多年平均年降雨侵蚀力 [（MJ·mm）/（hm² · h · a）]；$\overline{R}_{月K}$ 为第 K 半月的多年平均降雨侵蚀力 [（MJ·mm)/（hm² · h）]；P_{dij} 为第 i 年第 k 半月第 j 日大于等于 12mm 的日雨量；α、β 为回归系数；$\overline{P}_{d12}$ 为日雨量大于等于 12mm 的日平均值（mm）；$\overline{P}_{dl}$ 为统计时段内第 l 日大于等于 12mm 的日雨量；k 为 1 年 12 个月（$k=1$，2，…，12）；i 为年数（$i=1$，2，…，N）；j 为第 i 年第 k 半月日雨量大于等于 12mm 的日数（$j=1$，2，…，m）；l 为统计时段内所有日雨量大于等于 12mm 的日数（$l=1$，2，…，n）；R_i 为月降雨侵蚀力 [（MJ·mm）/（hm² · h · a）]；P_i 为月降雨量（mm）。

采用中国气象局站点建站至 2012 年半日降雨记录，按照上述计算公式，得到各个站点的 2000 年、2005 年、2010 年各月 R 值。相比克里金插值法，IDW 法更符合实际。分区域通过 IDW 插值法进行空间内插，得到每个月降雨侵蚀力栅格图层。

2.2.2.2 土壤可蚀性因子 K

土壤可蚀性因子 K 是指土壤潜在的可侵蚀度量，反映的是土壤的抗侵蚀能力。其大小受土壤理化性质的影响。采用 William 等用 EPIC 模型提出的基于土壤有机质和土壤颗粒分析的 K 值计算方法，计算方法如下：

$$
\begin{aligned}
K = 0.1317 \times &\left\{ 0.2 + 0.3 \times \exp\left[-0.0256 \times S_d \times \left(1 - \frac{S_1}{100} \right) \right] \right\} \left[\frac{S_1}{C_1 + S_1} \right]^{0.3} \\
&\times \left\{ 1.0 - 0.25 \times \frac{C}{[C + \exp(3.72 - 2.95 \times C)]} \right\} \\
&\times \left\{ 1.0 - 0.7 \times \left(1 - \frac{S_d}{100} \right) \Big/ \left[\left(1 - \frac{S_d}{100} \right) + \exp\left(-5.51 + 22.9 \times \left(1 - \frac{S_d}{100} \right) \right) \right] \right\}
\end{aligned}
$$

$$\tag{2-8}$$

式中，K 为土壤可蚀性因子，为英制单位，乘以 0.1317 后转换成国际制单位 th/MJmm；S_d 为砂粒含量百分比；S_l 为粉粒含量百分比；C_l 为黏粒含量百分比；C 为有机碳含量百分比。按照全国 1:400 万中国土壤类型图，不同土壤剖面土壤有机质和土壤颗粒数据，查阅相关文献获取不同区域的 K 因子。

2.2.2.3 地形因子 LS

地形因子 LS 是指在其他条件相同的情况下，特定坡面（特定坡度和坡长）的土壤流失量与标准径流小区土壤流失量之比值。其值为坡长因子 L 与坡度因子 S 的乘积。地形因子的计算采用 ArcGIS 的水文分析模块和地形分析模块进行，通过汇流计算可以得到坡长 l，利用坡度分析工具可以得到坡度 θ，之后在栅格计算器 Rastercalculator 中采用式（2-9）~ 式（2-11）可以计算得到地形因子 LS。其计算公式为

$$LS = \left(\frac{1}{22}\right)^{0.3} \times \left(\frac{\theta}{5.16}\right)^{1.3} \qquad (2\text{-}9)$$

$$l = m \times \cos\theta \qquad (2\text{-}10)$$

$$m = \begin{cases} 0.2 & t \leqslant 1\% \\ 0.3 & 1\% < t \leqslant 3\% \\ 0.4 & 3\% < t \leqslant 5\% \\ 0.5 & t \geqslant 5\% \end{cases} \qquad (2\text{-}11)$$

式中，l 为坡长（m）；θ 和 t 分别为坡度和百分比坡度；m 为地表面沿流向的水流长度。

2.2.2.4 植被覆盖因子 C

植被覆盖因子 C 是 USLE 方程中最重要的参数，无纲量，在特定情况下它可以决定土壤侵蚀强度的大小，其大小取决于植被类型、植被长势和植被盖度。MODIS 250m 分辨率植被盖度产品，取其每月中旬数据作为 C 因子参数，利用如下公式计算植被覆盖因子；由此分别计算出每个月的植被覆盖因子。

$$C = \begin{cases} 1 & f_v \leqslant 0.1\% \\ 0.6508 - 0.3436 \lg f_v & 0.1\% < f_v < 78.3\% \\ 0 & f_v \geqslant 78.3\% \end{cases} \quad (2\text{-}12)$$

$$f_v = \frac{\text{NDVI} - \text{NDVI}_{\min}}{\text{NDVI}_{\max} - \text{NDVI}_{\min}} \quad (2\text{-}13)$$

式中，C 为作物管理及植被覆盖因子（无量纲）；f_v 为年均植被盖度（%）；$\text{NDVI}_{\min}$、$\text{NDVI}_{\max}$ 分别为整个植被生长季节归一化植被指数 NDVI 的最小值和最大值。

2.2.2.5 水土保持因子 P

水土保持因子 P 是一个无纲量，它指的是特定水土保持措施下的土壤流失量与相应未采取措施进行顺坡耕作的土壤流失比值，取值在 $0 \sim 1$，P 值越低代表采取措施的水土保持效果越好，而 1 则代表没有采取任何保持措施。P 值的大小参阅大量文献中试验成果，结合功能区实际情况来确定。

$$P = 0.2 + 0.03\alpha \quad (2\text{-}14)$$

式中，P 为水土保持因子（无量纲）；α 为坡度百分比。

计算结果表明，三江源区 2000 年土壤保持量为 11.64 亿 t，2005 年为 10.78 亿 t，2010 年为 12.32 亿 t。三江源区 2010 年土壤保持能力分布如图 2-7 所示。三江源区 2000~2010 年土壤保持状况变化如图 2-8 所示。区域分布上，东部和东南部土壤保持功能较强，西部地区土壤保持功能较弱。时间动态变化方面，2010 年的土壤保持功能比 2000 年略有增加，2005 年则低于 2000 年。区域变化方面，东部地区土壤保持能力增加，南部地区土壤保持能力下降。

国内学者对三江源区的土壤保持功能的研究表明，20 世纪 70 年代中后期至 90 年代初，三江源区草地生态系统土壤侵蚀加剧，发生微度以上土壤侵蚀加剧的面积占源区草地生态系统面积的比例分别为 13.40% 和 22.99%，其中水力侵蚀加剧面积占源区侵蚀加剧面积的 61.58%，生态系统土壤侵蚀变化对生态系统土壤保持功能的影响显著，70 年代中后期至 2004 年，三江源区草地生态系统保持能力整体减弱，而且减弱趋势越来越明显（刘纪远等，2008；黄麟

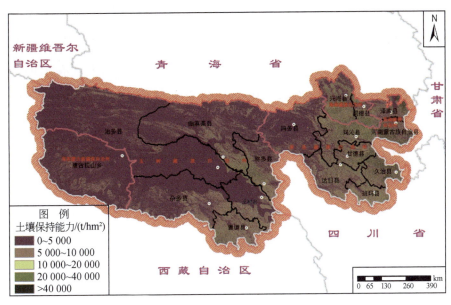

图 2-7 三江源区 2010 年土壤保持能力分布图

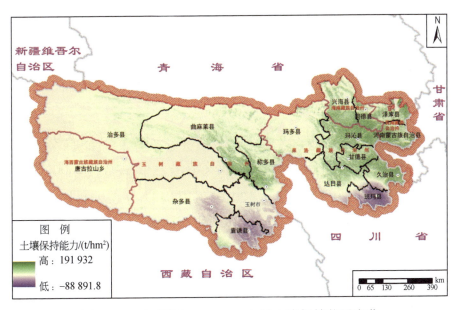

图 2-8 三江源区 2000~2010 年土壤保持状况变化

等，2011）。

2005 年以来，长江源区直门达站春汛期和夏汛期含沙量均呈缓慢增加趋势。同期，沱沱河春汛期含沙量也相应增加，表明春汛期生态系统土壤保护功能没有显著的改善；夏汛期含沙量呈降低的趋势，表明长江源区沱沱河以上区段夏汛期生态系统土壤保护功能有了一定程度的改善。在黄河源区，1975 年以来，春汛期和夏汛期吉迈站含沙量逐渐减少。而 2005 年以来，春汛期和夏汛期通过吉迈站含沙量呈增加的趋势，相应的降水侵蚀力也有一定程度的增加。整体而言，长江和黄河两大源区生态系统均未形成稳定的土壤保护功能。

在水蚀区内，1990～2004 年，土壤侵蚀中度敏感和重度敏感区面积有所增加，轻度敏感和不敏感区面积减少，整体敏感性有较大幅度增加；2004～2009 年水蚀区敏感性仍保持增加的趋势，但趋于缓和，重度敏感区面积有少量增加。基于生态系统的变化计算结果显示，1985 年土壤保持量为 10.88 亿 t，1996 年为 11.16 亿 t，2000 年为 10.89 亿 t，2008 年为 11.22 亿 t。1985～2000 年土壤保持量没有明显变化（陈春阳等，2012）。本书的计算结果与现有研究类似，从长期角度来看，三江源区土壤保持量总体变化不大，2000 年之后呈波动中略有提高的趋势，但改善不显著。

2.2.3　固碳释氧功能

本书利用 MODIS 分辨率 1km 植被净初级生产力数据（图 2-9），计算三江源区 2000 年和 2010 年固碳释氧的分布及结果，三江源区 2000 年固碳量为 0.193 亿 t，释氧量为 0.2316 亿 t。2010 年固碳量为 0.241 亿 t，释氧量为 0.2892 亿 t，三江源区整体上是一个小的碳汇区（图 2-10）。区域分布上固碳释氧量呈由东到西、由南到北减少趋势。固碳潜力与固碳总量的变化与研究区的植被覆盖和年际间降水量的变化关系密切（图 2-11）。林地转为草地，固碳能力变弱；低覆盖度草地转为中覆盖度草地、高覆盖度草地和林地时固碳能力增强，三江源区土壤固碳量很容易随土地覆被的变化而发生变化，特别是林地和草地的变化对固碳量影响极大。降水较高的年份该区域的固碳能力也会增加。

区域固碳释氧的方法大多是利用净初级生产力减去异氧呼吸的结果。由于初级生产力的数据来源不同，得到的结果不尽相同。刘纪远等（2008）通过计

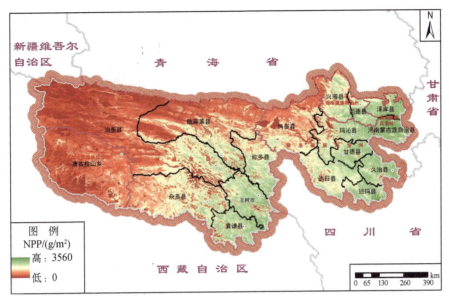

图 2-9 三江源区 2010 年净初级生产力分布图

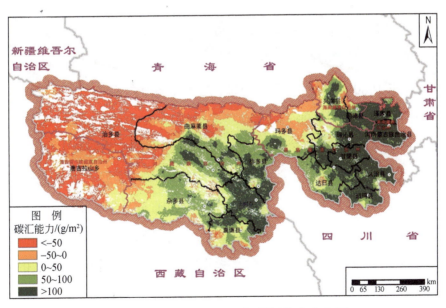

图 2-10 三江源区 2010 年碳汇能力分布图

算生态系统净生产力（NEP），认为 1988 年以来三江源区生态系统总体上是一个大小为 9.86gC/（m²·a）的碳源。每年释放 0.0314 亿 t 碳、0.0419 亿 t 氧气。在空间上，三江源区大部分为碳源区，碳汇区域仅占 29.05%；在动态变化方

图 2-11　三江源区 2000~2010 年碳汇能力变化图

面，三江源区生态系统从较小碳源向更大碳源方向发展，但在空间上表现不尽一致，西部地区的生态系统向碳汇方向发展，其他地区的生态系统向碳源方向发展。碳源碳汇功能受降水影响很大，降水量大的年份，表现为碳汇。杨园园（2012）计算出 1980~1995 年累计固碳−0.1978 亿 t，说明 1980~1995 年三江源区土壤碳库为碳源区，1995~2000 年累计固碳 0.091 亿 t，2000~2005 年累计固碳 0.093 亿 t，说明 1995~2005 年三江源区土壤碳库为碳汇区，且固碳能力趋好，东部固碳能力减弱，西部的区域向碳汇方向发展。刘敏超等（2005）利用森林蓄积量、草地年产鲜草量的统计资料，通过计算得到各类生态系统的净初级生长量，得到三江源区固碳 1.4128 亿 t，释氧 1.8837 亿 t。本书的计算结果与现有研究有所不同，主要原因是数据源、研究时段和研究方法的差异。

2.3　主要生态问题

三江源区在历史上曾经被誉为生命的"净土"，水草丰美、湖泊星罗棋布、野生动植物种类繁多，而近几十年的三江源生态环境却不容乐观。三江源区生态环境恶化主要表现包括草场退化与沙化加剧，水土流失日趋严重，源头来水量逐年减少，生物多样性萎缩等。这些问题表面上看多是气候变化等自然现象，但其原因和诱发机制更多涉及人类活动的干扰。三江源区是我国生态系统最脆弱和最原始的地区之一，也是重要的生态屏障和水源涵养区。三江源区是我国乃至亚洲气候变化的启动区，其生态环境的变化对我国的生态安全具有重要影响作用。三江源区的主要生态问题如下。

1）草地退化格局于 20 世纪 80 年代之前已经形成

20 世纪 80 年代之前草地退化已经形成，90 年代草地退化状况没有改观，生态系统类型转换相对缓慢，近 10 年中表现为有所好转的趋势。生态系统类型变化结果显示为 20 世纪 90 年代生态系统状况较差，2000 年之后趋于好转，与已有相关研究得出的 1970～1990 年生态状况变差、1990～2000 年略有变差、2001～2010 年趋于好转的结论一致（杨建平，2005；徐新良等，2008；邵全琴等，2010；李辉霞等，2011）。2000 年之前生态系统的局部退化主要受到干暖化的气候变化和草地载畜压力共同驱动，而 2000 年之后则受到湿暖化的气候变化和生态建设工程的共同作用。近 10 年来，三江源区的人类活动对生态环境表现出正影响，生态保护与建设行动取得初步成效（李辉霞等，2011）。2004～2009 年，湖泊面积净增加了 245km²，荒漠净减少 95.63km²（邵全琴和樊江文，2012）。但生态项目实施的短期行为严重，生态保护与建设的效果缺乏长效性，人类活动主导的生态改善能否可持续取决于后续生态保护与工程项目的实施与生态管理措施。

2）草地退化趋势得到初步遏制，但稳定恢复尚需持续建设、管理与维护

草地生态系统是三江源区的主体生态系统，对区域生态系统服务功能的保持具有决定性作用。三江源区的草地退化是一个影响范围大、持续时间长的连续变化过程（刘纪远等，2008）。2000 年之前，三江源区草地变化以退化趋势为主，退化比较集中的区域是曲麻莱、称多、玛多等县，兴海、班玛、久治和唐古拉山乡等地退化程度相对较轻（张镱锂等，2007；刘纪远等，2008）。2000～2010 年生长季 MODIS NDVI 的分析结果表明，区域整体呈显著增加趋势，生长季超过 2/3 的区域植被生长呈好转趋势，与相关研究结果一致（李辉霞等，2011）。实地调查发现，泽库县部分退化草地的治理成果显著，人工种植的垂穗披碱草、早熟禾、中华羊茅等植物生长状况良好，植株平均高度达到35~45cm。但已有报道称极度退化"黑土滩"草地人工重建的草场恢复4~6a后，产草量明显下降并再次沦为为黑土滩（尚占环等，2006；石德军等，2006），无法一次性实现恢复植被或原生植被的自然演替，因此，维持现有恢复成果需要进一步加大禁牧、维护等管理力度，加强跟踪监测，确保生态恢复的长久持续。

3）草地退化面积仍然较大，后续生态保护、恢复治理工作仍任重而道远

尽管三江源区生态建设重点工程区草地退化面积得到有效遏制，生态状况明显好转，但由于2000年之前近半个世纪的退化过程造成三江源区退化草地面积依然较大，全面完成三江源区的草地退化治理是一个长期性、艰巨性的工作。20世纪70年代到2004年，三江源区发生退化的草地面积占草地总面积的40.1%，而近5年明显好转的面积占退化面积总量的0.56%（邵全琴等，2010；吴志丰等，2014），表明仍有大量的退化草地需要治理。限于气温、降水量、海拔等自然因素，三江源区生态系统的物质、能量和信息流动缓慢，生态系统极度脆弱敏感，生态恢复过程较为缓慢，需要几十年甚至上百年的时间。

4）生态系统仍面临着气候变化、人类活动干扰的巨大挑战

全球气候变暖在有利于促进植被生理活动加强的同时，也造成了三江源区冰川退缩、雪线上升、永久冻土融化、地下水位下降，对三江源区的生态系统产生了潜在的威胁。全球变化加上三江源区多年的超载过牧、林草植被破坏，使得三江源区的极端气候增多，冰雹、霜冻、干旱、雪灾等自然灾害加剧（董锁成等，2002），给草地、畜牧业发展造成很大损失。三江源区人口增长较快，2000~2010年人口增加了11.3万人，年均增长15.5‰，这使得减人减畜的目标难以尽快完成；另外由于移民后续产业难以为继，发生了原有牧民从草场上退出来，外来牧民又搬迁进去的现象，削减了生态治理效果。部分区域滥挖乱采，如矿产资源开发、冬虫夏草等资源的掠夺性采挖，以及不合理的城镇建设活动破坏了地表植被，人为加剧了生态退化。

5）生态系统服务功能改善不显著，生态建设仍需长期努力

随着气候变化以及生态保护与建设工程的实施，三江源区 2010 年的水源涵养、土壤保持、固碳释氧等生态系统服务功能总体比 2000 年略有提高，但 2005 年则比 2000 年略低，生态系统服务功能仍然处于不稳定状态。三江源区生态系统服务功能的强弱与三江源区及其中下游地区人类社会的福祉息息相关，直观地表达了人类的需求及在生态系统中的获益，对人类社会影响最为直接，生态系统服务功能的发挥直接影响到人类社会的生存与发展。三江源区的生态系统作为最为脆弱、敏感的生态系统之一，生态恢复需要长期、持续的维护与管理，地表植被随气候、人类活动的影响变化显著，而生态系统服务功能则相对具有强健性，健康的生态系统应相对较为稳定。三江源区生态系统服务功能的波动表明生态系统的恢复尚未达到自然演替的状态，生态系统服务功能的改善、稳定与提高仍需要长期、持续的努力，生态系统的改善仍需进一步的恢复与建设。

6）部分区域自然生态空间缩小，人类占用未能有效控制

《全国主体功能区规划》（国发〔2010〕46 号）中，对国家重点生态功能区生态空间的规划要求为："开发强度得到有效控制，保有大片开敞生态空间，水面、湿地、林地、草地等绿色生态空间扩大，人类活动占用的空间控制在目前水平。"三江源区在国家重点生态功能区中被界定为三江源草原草甸湿地生态功能区。据此要求，研究分析了三江源区自然生态系统（森林、灌丛、草地、湿地和冰川/永久积雪）、半自然生态系统（农田）、人工生态系统（城镇）和退化生态系统（荒漠和裸地）之间变化的空间位置和变化强度，明确变化的主要热点和变化方向。结果显示，三江源区自然生态系统向半自然生态系统、人工生态系统的转化问题突出，部分区域森林转化为耕地，草地转化为农田、城镇，湿地转化为农田的趋势明显，自然生态空间未能维持，人类活动干扰未得到有效控制。

根据表 2-29 中生态系统状况变化的排序结果，三江源区 2000～2010 年自

三江源区生态补偿长效机制研究

然生态系统面积减少最多的前 5 个区域分别为唐古拉山乡、玛沁县、玉树市、称多县、久治县，其中唐古拉山乡自然生态系统减少面积最多，减少了 67.16km²，自然系统面积减少比例达 0.18%，远高于其他区域，其余各县自然生态系统减少较小。2000～2010 年，三江源区自然生态系统总体上转良，2010 年自然生态系统面积比 2000 年增加了 502.28 km²，自然生态系统增加比例为 17%。

表 2-29　2000～2010 年三江源区自然生态系统面积减少的前 5 个区域

区域范围	区域总面积 /万 km²	自然生态系统减少 总面积/km²	自然生态系统面积 变化率（减少）/%	排序
唐古拉山乡	47 792.83	−67.16	−0.18	1
玛沁县	13 444.59	−6.10	−0.05	2
玉树市	13 553.19	−6.45	−0.05	3
称多县	13 081.11	−4.51	−0.03	4
久治县	7 856.96	−2.53	−0.03	5

3

三江源区人–草–畜平衡估算

　　草地、牲畜和人口三者之间的均衡协调关系是影响牧区生态环境的关键因素，明确草地资源的载畜能力，确定合理的牧业人口承载力，对制定科学的草地政策和畜牧业可持续发展具有重要意义。三江源区是中国生态系统最敏感和最脆弱的地区之一，也是东南亚国家生态环境安全和区域可持续发展的生态屏障，以及我国典型的高寒牧区。三江源区生态保护造成了该区人口、资源与环境之间的矛盾极为突出。人口快速增长、超载过牧是三江源区生态退化的重要原因。协调好"人–草–畜"关系是三江源区生态保护和可持续发展的核心。

　　本章在三江源区生态系统状况变化的基础上，结合三江源区的主要生态问题，以"人–草–畜"平衡为切入点，利用 CASA 光能利用率模型反演三江源区植被净初级生产力（NPP），依托遥感手段估算三江源区产草量，进而估算草地理论载畜量；同时，结合牧户调查数据，建立理论载畜量和牧业人口适宜规模之间的定量关系，明确该地区牧业人口的合理规模及其空间分布特征，尝试探索一种基于遥感手段的牧业人口承载力估算技术方法，为该地区畜牧业可持续发展提供理论支撑，为三江源区生态补偿资金估算及生态补偿机制构建提供基础。

3.1 三江源区人-草-畜平衡的重要性

3.1.1 三江源区人-草-畜关系失衡

三江源区生态战略地位极为重要，是中国重要的生态功能调节区、气候变化敏感区和生物多样性高度集中区，关系着中国长江、黄河中下游及东南亚地区经济发展和生态安全。但是至少自20世纪70年代起，三江源区草地已经开始退化。虽然自21世纪初期随着中国政府开展了一系列生态保护与恢复措施，三江源区近年来草地退化趋势得到一定程度的遏制，但草地退化仍量大面广，2004年退化草地总面积达934万 hm²，占草地面积的40.1%（邵全琴和樊江文，2012）。在高寒严酷条件下，三江源区草地生态恢复绝非一朝一夕可以完成。

三江源区快速增长的人口导致了畜牧超载现象严重，进而造成草地大范围退化。三江源区是中国的少数民族地区，也是藏族聚集区之一，藏族人口占88%，其他还有汉、回、撒拉、蒙古等民族，分别占全部人口的5.1%、1.29%、0.14%、4.49%（《青海省第六次人口普查统计册》）。三江源区人口分布空间差异显著，人口分布呈现东部向西部逐渐减少，其中，同德县、泽库县、囊谦县、玉树市、兴海县、河南县人口密度较大，其他县人口密度较低。该区域以畜牧生产为主要产业，16个县中8个县为国家级贫困县，贫困人口占人口总量的70%以上。牧业人口为64.53万人，占总人口的81.03%，牧业户数为150 009户，户均人口约4.3人。中国的计划生育政策不限制少数民族人口的生育数量，自20世纪五六十年代起，三江源区人口快速增长，人口由1953年的29.5万人增长到2010年的79.64万人，年均人口增长率为18%，50年间人口增长了近3.15倍。

为了养活日益增长的人口，三江源区牧畜年末存栏量1953～2010年由1140万羊单位增长到1860万羊单位，超载率达到24.4%。青海畜牧厅统计结果显示，2010 年三江源区家畜存栏数 827 万头（只），折合 1834 万个标准羊单位，其中牛 324 万头，出栏率 23%，羊 493 万只，出栏率 42%。2010 年三江源区的农牧民人均纯收入为 3132.17 元，低于青海省 3863 元和中国 5919 元的农民家庭人均纯收入的平均水平，人均生活消费支出占总支出的 96.24%。三江源区实际载畜量从 1964～1978 年快速增长，达到历史最大值后开始逐渐减小，但自 2000 年实际载畜量又出现缓慢增长趋势。

三江源区生态退化的根本原因是"人-草-畜"关系的失衡。因此，协调好"人-草-畜"关系是三江源区生态保护和可持续发展的核心。三江源区退化草地恢复必须从根本上减少牧业人口数量，从而降低畜牧存栏量，使草地得到休养生息。这就需要控制三江源区的人口规模，估算三江源区可以承载的人口数量，为政府制定三江源区生态恢复政策提供依据。

3.1.2　三江源区人-草-畜平衡的研究思路

承载力（carrying capacity）概念是衡量人类经济社会活动与自然环境之间相互关系的科学指标，是人类可持续发展的度量和管理决策的重要依据（Abernethy，2001；Young，1998）。承载力概念已经发展了 200 多年，但是当承载力概念应用于人类社会时，承载力的计算结果不能让人充分信服，往往引起极大的争论和批评，承载力永远不会像化学价一样客观精确（Cohen，1997；Costanza et al.，1997）。这是因为人类承载力不再只是生物物理承载力，只是受食物等因素的影响，而是社会文化承载力，受科技、贸易、生产模式、生活方式以及制度管理等因素的影响（Seidl and Tisdell，1999；Curran et al.，2002）。科技进步可以通过提高生物生产能力、提高资源开发利用效率、拓展新型替代资源等途径提高人类承载力。贸易可以通过合理配置资源和在全球范围内的专业分工提高区域人口承载力。人类所造成的环境影响和人类的生态位置与空间地理位置以及时间位置都不再重合（Rees，1996）。承载力概念被定义为在不损害生态系统支撑能力情况下某一特定区域可以支撑维持的最大人口数量

（Hardin，1986；Daly and Ehrlich，1992；Pulliam et al.，1994；Seidl and Tisdell，1999；Del Monte Luna et al.，2004）。对于草原生态系统衡量生态系统是否受到损害的指标就是草地退化，当牲畜数量控制在一定数量以内时草地就可以可持续地利用而不引起退化，这个数量被称作"理论载畜量"（maximum grazing capacity，MaxGC）（钱拴等，2010）。

目前，已有学者对牧区的人口承载力进行了相关研究。这些研究多基于统计数据，用实物指标如水资源量、粮食产量和肉类产量等除以人均消费占有量测算，或者用价值指标如地区生产总值除以人均标准测算（Millington and Gifford，1973；Liu et al.，2007）。同时，由于研究手段较为局限，缺乏对遥感等技术手段的运用，所估算的人口承载力结果仅以数值形式表示，而不能反映人口承载力的空间分布特征。现有针对牧区人口承载力的研究未能实现人口与草地、牲畜的紧密结合，多着眼于现有的物质总量及人均消费量，而忽略了现有的物质总量是否"合理"？畜牧产品的提供是否是以生态环境的破坏为代价换来的？要想提高人口承载力估算结果的科学性和和针对性，应将人草畜三者密切结合，着眼于草地资源的畜牧压力，将人口与牲畜挂钩，在"以草定畜"的基础上实现"以畜定人"。这样一方面可以反映出牧业人口承载力的空间分布特征，另一方面可以将牧业人口承载力与草地载畜能力密切联系起来，使得估算得到的牧业人口承载力能够满足草场不因过牧发生退化这一基本条件。因此，估算结果具有更好的实际意义，而目前缺少这方面的相关研究，尤其是用遥感手段和方法将"人–草–畜"结合起来估算牧业人口承载力方面的研究暂缺。

三江源区人–草–畜平衡估算研究思路（图3-1）如下：从草场资源的畜牧压力角度出发，以草场不因过牧发生退化为前提，把研究区草地资源的理论载畜量作为保障人的生存和发展需要的基本物品的总量，基于牧户调查数据，推算出在目前生活水平下，维持一个牧民一年正常生活需要饲养的牲畜总量（以羊单位计），即人均合理载畜量，将其视为人均消费占有量，将计算得到的人均合理载畜量与青海省农牧民人均生活成本和中国农牧民人均生活成本相比较，确定合理的人口承载力标准，进而估算草地资源的牧业人口承载力。同时，综合考虑研究区生态保护建设需求，三江源区为国家级自然保护区，该保护区的核心区和草地重度退化区（Liu et al.，2009；邵全琴等，2010）应完全保护起来，这两个区域内应禁止一切人类活动，现有的人口应全部迁出。因此，将这两个区域以外的区域的牧业人口承载力视为整个研究区的合理牧业人口规模，并采用历史数据验证法对估算得到的合理牧业人口规模进行验证。在明确三江源区合理牧业人口规模的基础上，通过对现状人口统计数据的空间插值，将实际牧业人口分布数据与合理牧业人口规模进行比较，得到区域内需要迁出和转业的总人口数。

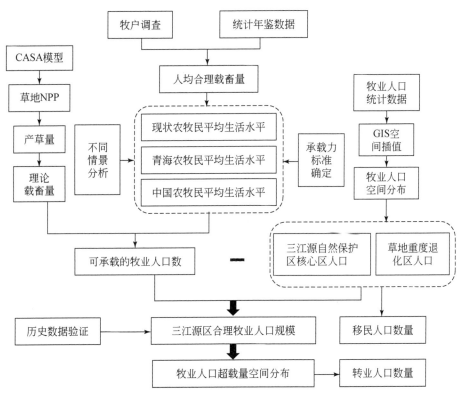

图 3-1 三江源区人-草-畜平衡估算研究技术路线图

3.2 三江源区草地退化趋势分析

3.2.1 草地退化标准确定

草地生态系统是三江源区的主体生态系统，对生态系统服务功能的保持具有决定性作用，对区域社会经济发展状况也有重要影响，因此对草地退化范围、退化程度等进行详细研究，划出三江源区草地不同退化范围，针对不同退化程度草地采取相应措施，对该区域草地生态系统服务功能的恢复及当地社会经济发展都具有重要意义。

草地退化已是限制我国草地生态功能发挥、生产力提高的重要因素。国内外学者就我国草地退化已开展了多项研究工作，并取得了大量研究成果（李永宏，1995；李博，1997）。这些退化研究可以分为基于定点的观测研究和基于遥感的草地退化信息提取研究。遥感技术使草地退化的监测评估范围更大，也更具实效性，逐渐成为宏观草地退化评价的主要方法。目前基于遥感的草地退化研究方法主要有基于遥感影像的草地退化信息直接目视综合判读法和基于遥感反演参数与草地退化指标相关关系的草地退化信息间接提取法（刘纪远等，2008）。前者的分类精度相对较高，但对遥感影像的选取、时相的选择和后期处理均有严格要求，且要求解译人员对研究区草地退化状况有完整的认识。后者受遥感可反演参数与草地退化指标不能直接对应的限制，信息提取精度相对较低（刘纪远等，2008；吴红等，2011），但由于研究人员对分类过程参与度降低，使其分类效率较高，并避免了研究人员误判造成的误差。

目前，基于遥感的草地退化评价研究还存在几个问题需要解决（Yang, et al.，2005）：①退化标准不统一。表征草地退化的指标很多，生态系统结构层面上有可食牧草比例、优势种数量、植被盖度等，生态系统功能层面上有地上生物量、净第一性生产力、生物多样性、土壤有机质含量、土壤水分等，各指标之间既相互联系又相互独立（闫玉春等，2007）。不同指标体系的应用使同一区域的评价结果之间难以进行比较。②参照系统不确定。草地退化程度是一个相对概念，是相对于某个参照系统而言的（卓莉等，2007）。闫玉春等（2007）将参照系统总结为两个方面，一是以本区域内或临近区域内未受破坏或破坏程度很轻的自然生态系统作为参照系统；二是将自然状态的原生态系统或者顶级生态系统作为参照系统。前者适用于小范围定点观测研究，后者适用于宏观草地退化评价研究，实际应用中可根据研究目的和研究范围选择适当参照系统。③遥感数据应用存在误区。退化评价是针对于一定气候条件下的植被生长状况，然而决定植被生长状况的水热条件在时间上和空间上存在波动，波动会使植被生长特征出现差异，这些差异是草地生态系统的正常波动，非退化造成，因此仅采用两个或多个绝对时间点的遥感数据进行退化评价会因无法排除随机波动而导致误差（刘及东，2010）。另外，不同遥感平台和传感器遥感数据相互衔接也会增加结果的不确定性。

近年来，已有很多学者对三江源区的草地退化进行了研究，但由于草地退化表征指标众多，不同学者所选指标不尽相同，因此所获结论存在较大差异（刘纪远等，2008；辜智慧等，2010）。草地退化其中一个重要的表现为草地覆盖度的下降，草地覆盖度的遥感反演也具有比较成熟的方法，本书提出一种基于遥感的参照覆盖度提取及草地退化评价研究方法，即采用植被覆盖度变化率对草地退化进行分级，数据采用1981~2006年生长季（6~9月）逐旬GIMMS-NDVI数据（空间分辨率8km×8km）。分级标准参照《天然草地退化、沙化、盐渍化的分级指标》（GB 19377—2003），将三江源区草地退化类型划分为未退化、轻度退化、中度退化和重度退化四级（表3-1）。

表3-1　三江源区草地退化划分依据及分级标准

分类依据	草地退化程度分级			
	未退化	轻度退化	中度退化	重度退化
总覆盖度相对百分数的减少率/%	0~10	11~20	21~30	>30

3.2.2　草地理论覆盖值估算

　　三江源区具有多种植被类型，其中以高寒草甸和高寒草原为主，两者占三江源植被覆盖地区总面积的81.7%，分布于三江源大部分地区。由于土壤、降水、气温等自然条件的差异，不同区域内同类型植被盖度会出现较大差异。本书综合考虑土壤类型及降水、积温等气候条件影响，将三江源区草地生态系统划分为不同类型的生态单元，使划分出的每一个生态单元具有尽量相同的植被生长条件，为该单元理想植被盖度的提取提供基础。

　　参照1∶100万植被类型图、1∶100万土壤类型图，将三江源区植被类型按照植被型分为9类（栽培植被、亚高山落叶阔叶灌丛、垫状矮半灌木高寒荒漠、寒温带和温带山地针叶林、嵩草、杂类草高寒草甸、温带落叶阔叶林、禾草、薹草高寒草原、高寒沼泽和高山稀疏植被），土壤按土类划分为12类（寒冻土、寒钙土、栗钙土、沼泽土、灰褐土、石质土、粗骨土、草毡土、草甸土、风沙土、黑毡土、黑钙土），积温和累积降水取1982～1990年生长季大于0℃积温、累积降水量的平均值，并按照各分类区域所在范围尽量相等的原则将积温和累积降水各分别划分为13类和15类，详细分类见表3-2。

　　植被、土壤、累积降水和大于0℃积温数据经详细分类后，在ArcGIS 10.1中进行叠加计算，得到综合分类图层。由于所用NOAA AVHRR NDVI数据空间分辨率为8km×8km，本书将综合分类图层中面积<256km^2（4×64 km^2）的斑块融合到相邻斑块内，经过融合剩余植被类型5类，以嵩草杂类草高寒草甸和禾草薹草高寒草原为主，土壤类型11类。最终生成的322个斑块，斑块平均大小为1618 km^2，分为212类生态单元，其余植被或土壤类型由于面积较小融合进入其他类型之中。分类后每个生态单元具有相似植被类型、土壤类型及气象条件。

表3-2   三江源区草地生态系统生态单元划分

划分依据 （分类数量）	植被型 （9 类）	土类 （12 类）	生长季累积降水 （mm）（15 类）	生长季大于 0℃ 积温（℃）（13 类）
划分类型	栽培植被	寒冻土	<150	<750
	亚高山落叶阔叶灌丛	寒钙土	150 ~ 175	750 ~ 800
	垫状矮半灌木高寒荒漠	栗钙土	175 ~ 200	800 ~ 850
	寒温带和温带山地针叶林	沼泽土	200 ~ 225	850 ~ 900
	嵩草、杂类草高寒草甸	灰褐土	225 ~ 250	900 ~ 950
	温带落叶阔叶林	石质土	250 ~ 275	950 ~ 1000
	禾草、薹草高寒草原	粗骨土	275 ~ 300	1000 ~ 1050
	高寒沼泽	草毡土	300 ~ 325	1050 ~ 1100
	高山稀疏植被	草甸土	325 ~ 350	1100 ~ 1150
		风沙土	350 ~ 375	1150 ~ 1200
		黑毡土	375 ~ 400	1200 ~ 1300
		黑钙土	400 ~ 425	1300 ~ 1400
			425 ~ 450	>1400
			450 ~ 475	
			>475	

草地理论盖度的提取需要较长时序的植被盖度数据。在遥感监测植被盖度过程中，通常利用植被盖度与 NDVI 之间关系估算区域植被盖度，其计算公式如下：

$$V = \frac{NDVI - NDVI_{soil}}{NDVI_{vegetation} - NDVI_{soil}} \tag{3-1}$$

式中，V 为草地植被盖度；$NDVI_{soil}$ 为研究区裸土 NDVI 值；$NDVI_{vegetation}$ 为象元最大 NDVI 值。在 NDVI 与覆盖度转化过程中，$NDVI_{soil}$ 取经验值 0.05，$NDVI_{vegetation}$ 则取将 NDVI 最大的 10% 后平均值（Eastwood et al.，1997；Purevdorj et al.，1998）。

然后在生态单元划分和植被盖度数据基础上计算每个生态单元的理论草地盖度。以生长季 7 月和 8 月植被盖度数据平均值作为各年最大植被盖度数据，对 1982～1990 年每年这两个月植被盖度数据进行平均，后与生态单元分类图叠加分析，取各生态单元范围内最大象元值大值作为该生态单元的理论盖度，作为参照系统。其他时段草地退化情况均基于此参照系统。具体步骤如图 3-2 所示。

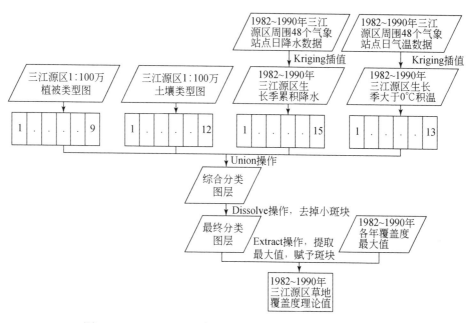

图 3-2　1982～1990 年三江源区草地盖度理论值提取

三江源区 1982～1990 年的理论植被盖度如图 3-3 所示。由图可见，该区草地理论盖度变化趋势与降水空间分布相似。整个区域植被盖度在 0.24～1.00 变化。按行政区分类，同德、泽库、玛沁、河南、甘德、达日、班玛和玉树等县（市）植被盖度最高，其理论覆盖度盖度均在 0.9 以上，其次为兴海、玛多、称多、杂多和囊谦等县，理论植被盖度位于 0.81～0.88，治多、曲麻莱和唐古拉山乡由于大部分县域位于干旱少雨的西部和西北部，造成草地盖度较低，理论盖度最低值仅为 0.24。

3.2.3　草地退化区位分析

为了评价三江源区当前草地退化状况，将 20 世纪 80 年代、90 年代及 2000

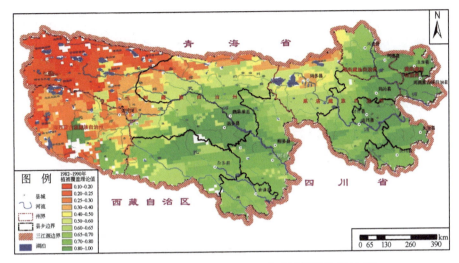

图 3-3　三江源区 1982～1990 年植被覆盖理论值

后草地平均盖度与理论盖度比较，得到相对于 1982～1990 年的草地退化程度。考虑到所用 NOAA AVHRR NDVI 遥感影像时间范围为 1982～2006 年，为使不同年代之间草地退化结果可以相互比较，分别选择 1982～1986 年、1992～1996 年、2002～2006 年 3 个时段来计算草地平均盖度。结果显示，这 3 个时段草地退化格局较为相似，1981～2006 年，草地退化格局并没有大的变化，只是在局部有一定程度的改善。

现以 2000 年之后草地退化格局为例（图 3-4），分析三江源区草地退化状况。2000 年之后三江源区有大面积的草地呈退化状态，不同退化程度草地分布于整个三江源区不同区域。其中退化草地总面积为 20.98 万 km²，占该区总面积的 61.75%，其中轻度退化面积 7.96 万 km²，占 23.45%，中度退化面积 5.75 万 km²，占 16.93%，重度退化草地面积为 7.26 万 km²，占 21.37%。对三江源区 16 县 1 乡草地退化面积进行统计分析（表 3-3），该区各县（乡）草地面积均出现一定程度的退化，退化草地面积比例最小的是河南县，其退化草地占全县草地面积的 24%，无重度退化草地，泽库、甘德和久治草地退化面积也相对较低，均在 50% 左右。其他县（乡）草地退化面积加大。退化草地比例最高的是达日县和唐古拉山乡，达 86% 和 84%。

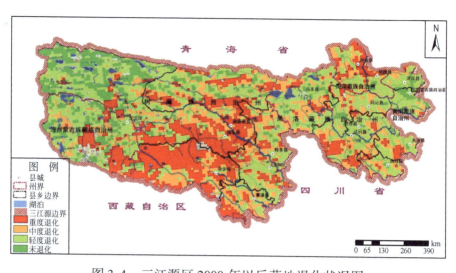

图 3-4　三江源区 2000 年以后草地退化状况图

表3-3　三江源区各县（乡）不同退化程度草地面积及比例

地区	轻度退化草地面积/万 km²	中度退化草地面积/万 km²	重度退化草地面积/万 km²	总退化草地面积/万 km²	退化草地占各县比例/%
兴海县	0.40	0.21	0.22	0.83	0.72
同德县	0.10	0.08	0.01	0.20	0.44
泽库县	0.24	0.06	0.02	0.31	0.49
河南县	0.14	0.01	0.00	0.15	0.24
甘德县	0.30	0.06	0.02	0.38	0.53
久治县	0.24	0.08	0.05	0.38	0.46
班玛县	0.29	0.13	0.00	0.42	0.69
达日县	0.39	0.53	0.28	1.20	0.86
玛沁县	0.49	0.20	0.14	0.83	0.62
玛多县	0.68	0.58	0.36	1.62	0.66
曲麻莱县	1.09	0.87	1.07	3.03	0.67
称多县	0.57	0.28	0.04	0.89	0.61
治多县	1.50	1.02	2.32	4.84	0.65
玉树市	0.62	0.19	0.19	1.00	0.64
杂多县	0.93	0.92	0.99	2.84	0.82
囊谦县	0.52	0.13	0.13	0.79	0.68
唐古拉山乡	0.88	0.90	1.75	3.53	0.84

3.2.4　草地退化趋势分析

比较三江源区 20 世纪 80 年代、90 年代及 2000 年以后这三个时段的草地退化状况（表 3-4），可以得到从 20 世纪 80 年代以来三江源区草地退化趋势。由表 3-4 可知，这三个时期三江源区草地退化面积分别为 25.57 万 km²、25.29 万 km² 和 23.25 万 km²，草地退化总面积表现出逐渐减少趋势，各退化等级草地也呈现相同趋势。例如，三江源区 20 世纪 80 年代轻度退化草地面积为 9.76 万 km²，90 年代下降至 9.59 万 km²，进入 2000 年后，退化面积降低为 9.39 万 km²，说明三江源区草地退化趋势得到初步遏制。但草地退化改善并不明显，草地退化形势依然严峻，还需要进一步加强相关保护措施的实施。

表 3-4　三江源区不同时段草地退化面积和比例

草地退化程度	20 世纪 80 年代		20 世纪 90 年代		2000 年后	
	退化面积/万 km²	退化比例/%	退化面积/万 km²	退化比例/%	退化面积/万 km²	退化比例/%
未退化	8.43	15.87	8.71	16.40	10.75	20.23
轻度	9.76	18.37	9.59	18.06	9.40	17.69
中度	7.46	14.05	7.21	13.57	6.26	11.78
重度	8.35	15.71	8.49	15.98	7.60	14.30

比较三江源区高寒草地生态系统在 20 世纪 80 至 90 年代和 20 世纪 90 年代至 2000 年之后两个时期不同类型退化草地变化趋势（表 3-5）可知，两个时期内三江源区大部分草地保持稳定或变化较小，继续保持原有草地退化等级，这部分草地比例分别为 76.8% 和 69.4%，其中 20 世纪 90 年代至 2000 年之后这段时间保持稳定的草地面积较 20 世纪 80 至 90 年代有 7.4% 的降低，说明在这个时间段内，草地动态变化的范围在增加，由下面分析可知，增加的动态变化草地主要体现在为转好的草地上面。三江源区从 20 世纪 80 至 90 年代具有转好趋势的草地面积比例为 11.8%，恶化趋势的草地比例为 11.4%，两者接近，

这使得草地总退化面积保持稳定状态。然而，从 20 世纪 90 年代至 2000 年之后，草地转好速度加快，具有转好趋势的草地比例为 21.8%，变差的草地比例下降为 8.8%，总体来讲，有约 13% 退化草地转好。

表 3-5　三江源区不同年代草地退化趋势变化

草地退化趋势		20 世纪 80 至 90 年代/万 km²	20 世纪 90 年代至 2000 年之后/万 km²
转好	轻度退化→未退化	1.70	3.17
	中度退化→未退化	0.08	0.23
	重度退化→未退化	0.00	0.01
	中度退化→轻度退化	1.43	2.35
	重度退化→轻度退化	0.03	0.13
	重度退化→中度退化	0.77	1.52
	转好草地总面积	4.01	7.40
	转好草地面积比例（%）	11.80	21.80
保持不变	保持不变面积	2.61	2.36
	保持不变草地面积比例（%）	76.80	69.40
转差	未退化→重度退化	0.00	0.00
	轻度退化→重度退化	0.00	0.00
	中度退化→重度退化	0.95	0.77
	未退化→中度退化	0.01	0.04
	轻度退化→中度退化	1.41	0.84
	未退化→轻度退化	1.48	1.33
	转差草地总面积	3.86	2.98
	转差草地面积比例（%）	11.40	8.80

3.2.5　讨论与结论

本章建立了一种利用长时间序列遥感数据提取草地参照盖度并进行草地退化评价的方法。通过对影响植被生长的因素分类组合，将三江源区草地划分为具有近似生长条件的生态单元，生态单元内草地具有相似的盖度，结合年最大植被盖度得到每个单元内的参照盖度，一定程度上解决了以往研究中缺乏参照系统及遥感数据误用的问题，使不同地区、不同时段得到的草地退化研究结果具有可比性，对三江源区或者其他干旱半干旱区草地退化研究均具有借鉴意义。

通过对三江源区草地退化分析可知，该区草地退化格局早在20世纪80年代之前已经形成，之后的20世纪80年代和90年代草地退化形势没有出现大的波动，到2000年后，草地退化趋势出现一定程度的缓解。相比较而言，三江源区东南部分草地退化面积明显小于西北部分。据钱拴等（2010）和毛飞等（2008）研究结果，三江源区在20世纪60年代之后，草地植被生长季平均温度、降水量和日照时数均呈增加趋势；三江源大部分地区生长季降水量增加，区域整体气候适宜度呈上升趋势，表明三江源区气候整体朝着暖湿方向发展，有利于草地植被生长。气候由冷干向暖湿的转变对草地的继续退化有一定的遏制作用。另外，由于三江源区生态重要性显著，其草地退化早已引起社会各方面的关注，促使多项生态环境保护措施的出台，这可能也是当地草地退化问题得到一定程度的缓解的原因之一。然而草地退化的总体趋势依然严峻，还需要各方面长时间持续的努力。

不同的研究结果之间因为在研究中采用的草地退化指标不同、参照系统不相同、研究时段不匹配、数据精度不相同，会使研究结果之间出现一定程度的差异。这种差异会妨碍相同区域不同研究结果之间的比较。刘纪远等（2008）应用MSS、TM\ETM等遥感影像，采用覆盖度变化率、草地破碎化等指标对三江源区20世纪70至90年代初和90年代初至2004年两个时段的草地退化状况进行了分析，其结果显示，三江源区20世纪90年代初至2004年退化草地比例为36.12%，其中由草地盖度下降表征的轻度、中度和重度退化草地比例分别为23.93%、11.74%和0.44%。本书中，2000~2006年三江源区轻度、中度和重度退化草地比例分别为28.23%、17.17%和15.16%。两个研究结果在重度退化草地比例上相差较大，同时刘纪远等（2008）研究结果显示，三江源区轻度和中度退化草地面积从20世纪到2004年有所增加，与本书得到的略有减少的结果也不相同。

本书中的方法还存在一些不足有待改进：首先，草原退化是由于人为活动或不利的自然因素引起的草原（包括植物和土壤）质量衰退，生产力、经济潜力及服务功能减低，环境变劣以及生物多样性或复杂程度降低，恢复功能减弱或者丧失恢复功能的过程（李博，1997）。草地退化不仅体现在覆盖度的下降，还体现在可食牧草比例的降低、毒害杂草比例增加、土壤养分流失等多个方面。不同退化阶段表征指标也不尽相同。只从植被覆盖度变化一个角度来研究草地退化会在一定程度上低估现有草地的退化程度。其次，本书中累积降水和大于0℃积温是基于三江源区及其周边46个气象站点日记录数据计算得到。该区东部由于气象站点相对密集，尚可保证累积降水和积温插值精度，但西北部及外围的西藏自治区内气象站点稀少，对累积降水和积温插值精度影响较大，并影响后续生态单元的划分，最终导致草地退化程度评价误差增加。最后，数据空间分辨率低。NOAA AVHRR NDVI 数据空间分辨率为8km×8km，每个象元代表地面64km²范围。象元面积较大，使得小面积草地退化斑块、夹杂在退化草地中的小面积未退化草地斑块无法识别，增加了草地退化评价结果的不确定性。后续研究应结合地面调查数据和高分辨率遥感数据，提高基础数据分辨率，以期增加草地退化评价的精度。另外，生态单元划分过程中，累积降水和积温的分类是基于面积等分原则，然而对三江源区内18个气象站点的累积降水、积温数据和站点所在地植被覆盖度进行相关分析，结果显示在两种主要植被类型禾草、薹草高寒草原和嵩草、杂类草高寒草甸上，累积降水与植被覆盖度相关性均要强于积温与植被覆盖度的相关性，在后续研究中，应依据影响因子与植被覆盖度相关性强弱对分类进行相应调整，适当细化相关性强的影响因子的分类数量，同时适当降低相关性较低的影响因子分类数量，这样既可以充分反映植被覆盖度的变化细节，又可以减少不必要的分类以降低计算量。

3.3 三江源区理论载畜量估算

20 世纪50 年代以来，随着人口的快速增长，三江源区畜牧业发展迅速，区内各州县家畜数量呈同步波动式快速增长模式，由于天然草场载畜能力有限，区内普遍出现超载过牧现象，频繁、集中放牧严重破坏了原生优良牧草的生长发育规律，导致土壤结构变化，给鼠害的泛滥提供了条件，进一步加剧了草地的退化。据相关研究成果，长期超载过牧对草地退化的贡献率达40%，可以说人为干扰是三江源区草地退化的主要原因（Zhou et al.，2005）。

在三江源区植被恢复的过程和实践中需要遵循自然规律，根据草地退化的具体原因、退化程度等具体情况采取相应措施（赵新全和周华坤，2005），但首要措施还是通过减少人为干扰来恢复草地生态系统原有功能。对于重度退化草场和保护区核心区必须强制进行移民，并辅以其他如灭鼠、灭除毒杂草、对草场补播多年生牧草等措施，防止草地进一步退化或危及特有生态系统、珍稀动植物。对于中、轻度退化草地及未退化草地，应该未雨绸缪，通过减轻放牧压力的措施，遏制退化草地的退化趋势、保护未退化草地。

为获得三江源区天然草地承载牧民数量，需要首先得到该区草地理论载畜量，而理论载畜量则通过计算产草量（grassland yield，GY）获得。本书基于三江源区2010年MODIS NDVI数据，2010年月均温、月降水量及月太阳总辐射等气象数据，2010年土地利用数据，采用CASA光能利用率模型对2010年三江源区植被净初级生产力（NPP）进行反演。在此基础上，产草量参考樊江文等（2010，2011）和Zhang等（2014）等已有的相关研究方法进行计算，其中植被地上部分生产力（above-ground NPP，ANPP）采用本课题组2010年在三江源区实测的各主要植被类型地上生产力样方数据；植被地下部分生产力（below-ground NPP，BNPP）的计算采用了Gill等（2002）提出的草地植被地下生产力计算方法。各计算公式分别如下：

$$Y_m = NPP / (1 + ANPP + BNPP) \tag{3-2}$$

$$BNPP = BGB \times \frac{liveBGB}{BGB} \times Tournover \tag{3-3}$$

$$Tournover = 0.0009(g/m^2) \times ANPP + 0.25 \tag{3-4}$$

式中，Y_m为草地的产草量（kg）；ANPP为植被地上部分生产力；BNPP为植被地下部分生产力；BGB为草地植被地下部分（根系）生物量；liveBGB/BGB为活根系生物量占总根系生物量的比例；Turnover 为草地植物根系周转值，在本计算中 BGB 为三江源区实测数据，而 liveBGB/BGB 采用周兴民（2001）在青海地区测定的实测值 0.79，由此得到三江源区产草量（图 3-5）。通过计算得知，三江源区 2010 年平均产草量为 529.87 kg/hm²，结果与三江源区其他相关研究结果相似。因水热等条件的差异，各地区产草量变异较大，草地生产力在空间上呈东南—西北递减的趋势，其中以泽库、河南、久治等东部县产草量较高，西部各县（乡）均较低。

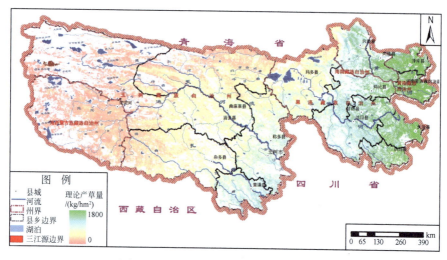

图 3-5　三江源区产草量空间分布图

在理论产草量基础上，应用式（3-5）[《天然草地合理载畜量的计算（NY/T 635—2002）》]，计算草地合理载畜量：

$$Cl = \frac{Y_m \times C_o}{S_f \times G_t} \qquad (3-5)$$

式中，Cl 为草地合理载畜量，即单位面积草地适宜承载的羊单位（标准羊单位/ hm²）；Y_m 为草地的产草量（kg）；C_o 为放牧利用率，三江源区分冬春和夏秋两季牧场，季节牧场的分布和面积根据 1∶100 万中国草地资源图确定，根据有关标准（NY/T 635—2002），高寒草甸冷季放牧利用率为 60%，冷季为 70%；高寒草原冷季放牧利用率为 60%，暖季为 45%；高寒荒漠草原冷季和暖季放牧利用率均为 30%；S_f 为 1 个羊单位家畜的日食量，根据有关标准（NY/T

635—2002），1 个羊单位家畜每天所需从草地摄取含水量 14% 的标准干草 1.8kg，折合不含水分的干草 1.548kg；G_t 为草地放牧时间，根据三江源区的实际情况，冬春场放牧时间按 210d 计算，在夏秋场放牧时间按 156 d 计算。

计算得到三江源区理论载畜量（图 3-6），其理论载畜总量为 1452.47 万个羊单位，与青海省农牧厅提供的三江源区各县的理论载畜量（2010 年）总量 1402.51 万个羊单位相仿。其中，三江源区东部各县因水热条件相对优越，有较大载畜量，而西部各县载畜量则相对较低，各县理论载畜量见表 3-6，理论载畜量最大的县是曲麻莱县，其次是治多县和玛多县，理论载畜量最小的县是同德县，唐古拉山乡也较少。三江源区各县理论牧草产量和载畜量见表 3-6。

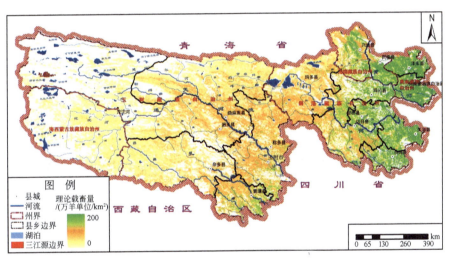

图 3-6　三江源区理论载畜量空间分布图

表 3-6　三江源区各县（乡）理论载畜量

地区	产草量/kg	理论载畜量/羊单位
泽库县	5 458 010	626 166
河南县	5 877 810	687 172
同德县	3 719 450	422 937
兴海县	6 729 330	739 240
玛沁县	7 604 600	836 913
班玛县	5 932 890	694 679
甘德县	5 359 400	614 400

地区	产草量/kg	理论载畜量/羊单位
达日县	7 847 890	830 539
久治县	6 752 110	729 387
玛多县	9 274 340	943 714
玉树市	7 261 730	840 320
杂多县	14 587 100	1 490 490
称多县	6 121 650	691 477
治多县	16 856 500	1 555 710
囊谦县	6 721 140	754 698
曲麻莱县	9 478 170	762 544
唐古拉山乡	13 996 700	1 304 300

3.4　三江源区人口规模控制

3.4.1　三江源区合理人口规模估算方法

三江源区人口规模控制有三种方法：理论计算法、历史数据验证法、实际计算法。

3.4.1.1　理论计算法

理论计算法是结合农牧民生活水平和理论载畜量计算三江源区人口规模。课题组在 2010 年对泽库县、玛沁县、玛多县、称多县、杂多县和玉树市等多个县（市）进行了实地调查、牧民走访，获取了大量一手资料。据调研，当地牧民每人每年约食用肉类 80kg，约合 5.5 个羊单位，其他日用品购买需要 3100元，每个羊单位约合人民币 1000 元，3100 元大约为 3 个羊单位，因此以目前当地生活水平，每个牧民每年基本成活成本为 8.5 个羊单位，根据该区域平均牲畜出栏率（30%）可知，维持一个牧民一年正常生活需要 28.3 个羊单位。

结合式（3-6）：

$$可承载人口数(人) = \frac{理论载畜量(羊单位)}{每人每年需要羊单位数量} \qquad (3\text{-}6)$$

可得三江源区天然草地的可承载人口数。在现状生活水平条件下，三江源区可承载的人口数为 49.56 万人，按青海省平均生活水平计算，则可承载人口 44.95 万人，若按全国平均生活水平，则可承载人口 36.81 万人。

3.4.1.2　历史数据验证法

由于缺少历史数据，无法对三江源区草地大规模退化的初始时间做出准确判断，本书将 1953 年作为该区草地未出现大规模退化的参照时间点，评估移民规模合理性，如果移民后剩余农牧民数量与 1953 年人口水平接近，说明移民数量合理。根据《青海省社会经济统计年鉴 1985》，1953 年三江源区人口总数约为 25 万人（不含唐古拉山乡）（表 3-9）。

3.4.1.3　实际计算法

实际计算法是指重度退化区和自然保护区核心区的人口全部迁移出来之后，其他地区（轻、中度退化草地和未退化草地）按照以草定畜、以畜定人的原则即按照超载量计算得出需要转业的牧业人口数，三江源区总人口减去这两部分迁移和转业人口后的人口数量，即为三江源区草地生态系统所能承载的合理人口规模。

具体计算过程如下，将三江源区合理人口规模的估算分两部分，即重度退化区和自然保护区核心区、其他地区（轻、中度退化草地和未退化草地）。前者范围内的牧业人口全部迁出，具体迁移人口数据通过人口空间差值数据和相关范围叠加得到；后者合理牧业人口估算通过比较实际载畜量和理论载畜量，得到超载量，结合人均理论载畜量（根据农牧民生活水平现状确定），计算需要转业的牧业人口数量，确定其他地区合理的人口规模（图 3-7）。最后，用三江源区总人口数量减去重度退化区和自然保护区核心区的牧业人口移民数量以及其他地区需要转业的牧业人口数量，得到三江源区合理的人口规模。

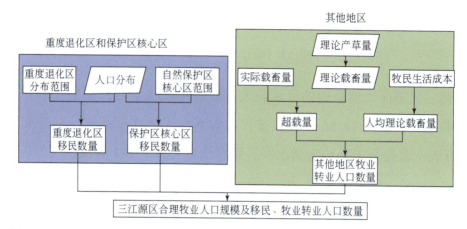

图 3-7 三江源区合理牧业人口规模及移民、牧业转业人口数量估算技术路线

3.4.2 重度草地退化区和保护区的核心区移民数量

三江源区人口空间分布数据由 2010 年人口数据经空间插值得到。数据基础为研究区 90m×90m 分辨率 DEM、县级行政区划图、居民点分布图、县级人口统计数据（总人口、乡村人口）。居民点人口密度通过居民点分布图和人口统计数据，结合文献，确定各县县城、乡镇、村、放牧点、事业单位驻地等居民点的人口密度。确定居民点人口密度后，在居民点矢量图中，结合海拔、距居民点距离等在 ArcGIS10.1 中采用反距离权重法对人口密度进行插值，生成分辨率为 1000m 的栅格数据，人口插值过程中对无人区适量增加居民点，人口密度定为 0，得到三江源区人口密度分布图 1-9。

如 3.4.1.3 节所述，重度退化草地与保护区核心区移民人数分别由重度退化草地分布数范围、核心区分布范围与人口数据叠加得到，其中重度退化区域需要移民的牧业人口数量为 6.29 万人，自然保护区核心区需要移民的牧业人口数量为 5.47 万人。

3.4.3 其他地区合理牧业人口规模估算

根据青海省农牧厅和各县草原站提供的 16 县（市）1 乡 2010 年实际载畜

量，结合各县（乡）非城镇居民人口数、人口分布数据得到三江源区 2010 年实际载畜量空间分布格局（图 3-8）。由于城镇居民不以放牧为生，实际载畜量计算过程中已将城镇人口去掉，以使结果更加精确。

图 3-8　三江源区 2010 年实际载畜量空间分布图

青海省农牧厅和各县草原站提供的资料显示，2010 年三江源区草地超载情况较为普遍，从载畜压力指数的空间特征看，东部地区的载畜压力指数较高，西部地区较低，如同德县全年平均超载 6 倍左右，而玛多、杂多和治多县全年超载不到 1 倍，表现出明显的载畜压力空间不平衡现象。三江源区 16 个县（市）1 乡中只有 6 县 1 乡未超载，即治多县、唐古拉山乡、曲麻莱县、玛多县、称多县、达日县，超载县的数量占三江源区县级行政单位的 58.8%，其中玉树、兴海、同德、泽库、河南人口密度较大，超载现象严重，减畜压力较大。

2010 年三江源区草地超载量通过式（3-7）计算获得：

$$超载量 = 实际载畜量（羊单位） - 理论载畜量（羊单位） \qquad (3-7)$$

三江源区草地超载量空间分布如图 3-9 所示，三江源区各县（乡）均有不同程度的超载过牧现象，其中以泽库县、同德县、河南县、兴海县、囊谦县和玉树市超载最为严重。

超载过牧需要转移就业的牧业人口数量通过式（3-8）得到：

$$牧业人口转移就业数量（人） = \frac{超载量（羊单位）}{人均理论载畜量（羊单位）} \qquad (3-8)$$

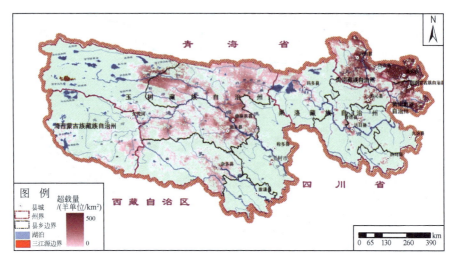

图 3-9　三江源区 2010 年草地超载量空间分布图

由于此部分移民估算数量及空间分布与重度草地退化区和保护区核心区移民有一定重叠，因此需将此部分去掉，得到由于草地超载过牧需要转移就业的牧业人口的真实数量（图 3-10），由于超载过牧需要转移就业的牧业人数为18.6 万人，各县（乡）需要转业的牧业人口数量详见表 3-7。

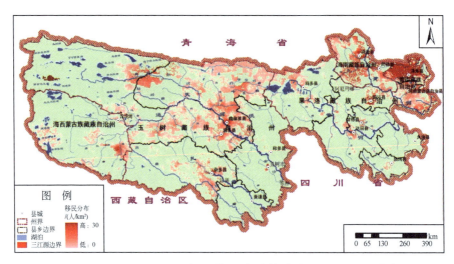

图 3-10　三江源区 2010 年超载过牧需转移就业人口空间分布图

表 3-7　三江源区各县（乡）由于超载过牧需要转业的牧民数量

地区	牧民数量/万人	重度退化地区移民数量/人	自然保护区核心区移民数量/人	减畜需要转移就业数量/人	移民及转业总数/人	转移及转业牧业人口占牧民比例/%
兴海县	6.10	12 019.60	4 775.60	24 501.90	41 297.10	67.70
同德县	4.80	2 917.40	4 152.60	30 371.80	37 441.70	144.01
泽库县	5.93	1 215.10	5 519.40	25 865.60	32 600.10	54.97
河南县	2.85	0.00	0.00	32 051.60	32 051.60	112.46
甘德县	2.60	369.50	0.00	7 939.80	8 309.30	31.96
久治县	1.90	0.00	0.00	6 926.70	6 926.70	32.98
班玛县	2.10	2 673.70	9 173.30	3 505.80	15 352.80	66.75
达日县	2.30	0.00	0.00	9 498.80	9 498.80	32.75
玛沁县	2.90	2 704.20	3 178.10	225.90	6 108.20	55.53
玛多县	1.10	816.30	7 678.40	6 523.70	15 018.40	79.04
曲麻莱县	2.53	4 205.90	3 993.40	1 053.90	9 253.20	36.57
称多县	5.14	1 688.70	9 989.90	3 114.70	14 793.20	28.78
治多县	2.60	5 427.40	1 048.80	1 369.80	7 846.00	30.18
玉树市	7.94	7 069.30	1 698.60	21 115.80	29 883.70	37.64
杂多县	4.91	10 090.40	349.60	1 601.90	12 041.90	24.53
囊谦县	7.93	8 425.30	2 677.20	10 226.40	21 328.80	26.90
唐古拉山乡	0.90	3 275.80	428.50	11.00	3 715.30	41.28

3.4.4　三江源区合理牧业人口规模估算

　　根据上述计算结果，三江源区理论载畜量约为 1400 万个羊单位，重度退化草地和保护区核心区需要移民的牧业人口分别为 6.29 万人和 5.47 万人。按当地农牧民生活水平核算三江源区需要转业的牧业人口为 18.60 万人（表 3-8），共需转移或转业的牧业人口总量为 30.36 万人。

表 3-8　三江源区移民总数一览表　　　（单位：万人）

项目	重度退化草地移民	保护区核心区移民	减畜需要转业的牧业人口	转移及转业的人口总数
数量	6.29	5.47	18.60	30.36

　　与其他年份各县人口相比，与 1982 年人口数量相近（表 3-9）。如果严格限制该区载畜量并控制人口增长速度，相信在一段时间后，三江源区草地生态系统原有生态功能可以得到有效恢复。

表 3-9　三江源区各县（乡）移民及转业后剩余人口数与其他年份人口比较

（单位：万人）

地区	1953 年	1964 年	1982 年	移民及转业后的剩余人口
兴海县	1.44	1.89	4.08	3.20
同德县	2.44	1.58	3.48	2.10
泽库县	1.73	1.85	3.43	3.70
河南县	1.21	1.14	2.06	0.70
甘德县	1.00	1.17	1.94	2.50
久治县	1.04	0.91	1.68	1.90
班玛县	0.91	1.13	1.94	1.60
达日县	1.28	1.19	2.48	3.70
玛沁县	0.82	0.39	0.90	0.70
玛多县	0.41	0.82	1.44	0.80
曲麻莱县	0.82	0.86	1.63	2.10
称多县	1.85	1.82	3.21	4.10
杂多县	1.61	0.86	1.63	2.40
玉树市	4.57	2.87	5.45	7.00
治多县	1.50	1.33	2.64	4.50
囊谦县	2.29	2.46	4.73	7.70
唐古拉山乡	—	1.89	4.08	0.50
合计	24.92	22.27	42.72	49.30

4

三江源区生态补偿现状
及存在的问题

　　生态补偿作为调整生态环境保护和建设相关者之间利益关系的一项环境经济政策已在世界范围内得到了广泛的应用。鉴于三江源区生态地位的重要性、生态系统类型的典型性、生态保护与建设的艰巨性与紧迫性、人口与资源环境之间的矛盾日益突出，建立健全三江源区生态补偿长效机制十分必要，这不仅是保护三江源区生态环境的重要配套政策措施，巩固生态保护与建设成果、实现区域可持续发展的重要保障，也是推进生态文明制度改革、完善生态补偿机制、实施干部离任审计和建立生态文明绩效考核机制的必然要求。

　　本章对生态补偿的概念内涵和相关理论进行了简要阐述，梳理了三江源区现有的生态补偿制度与现实做法，从生态环境治理、农牧民生产生活、公共服务能力、教育等方面分析了三江源区现有生态补偿制度所带来的成效，从法律法规、补偿标准、补偿资金规模、农牧民生产生活、产业发展、社会保障体系以及宗教文化等方面探讨了三江源区现有生态补偿制度存在的主要问题。

4.1 生态补偿理论基础

4.1.1 生态补偿内涵

4.1.1.1 生态补偿的定义

"生态补偿"一词最早出现在 20 世纪 20 年代，被称为"环境服务付费"（payment for environmental services，PES）或"生态系统服务付费"（payment for ecosystem services，PES）（Zbinden and Lee，2005；Pagiola，2008）。20 世纪 50 年代以来生态补偿概念开始逐步出现并成为环境政策的焦点，不同的学者对生态补偿的概念界定并不一致，并随认识的深入而更加完善。早期的生态补偿一般指自然生态补偿（叶文虎等，1998），即自然生态系统对由于社会、经济活动造成的生态环境破坏所起的缓冲和补偿作用，并不需要人类活动的参与。20 世纪 80 年代以来，国内开始了大量生态补偿的理论研究，国内关于生态补偿的概念相当于国外的生态服务付费或生态效益付费的概念（吴文洁和高黎红，2010），侧重于对于破坏生态行为的收费。20 世纪 90 年代后期以来，随着经济和生态建设的发展，生态补偿概念由单纯针对生态环境破坏者的收费，拓展到对生态环境的保护者进行补偿。

生态补偿分为广义生态补偿和狭义生态补偿（吕忠梅，2003；万军等，2005；李文华和刘某承，2010；秦大河，2014）。生态补偿从狭义的角度理解就是指对由人类的社会经济活动给生态系统和自然资源造成的破坏及对环境造成的污染的补偿、恢复、综合治理等一系列活动的总称。广义的生态补偿则还应该包括对因环境保护而丧失发展机会的区域内的居民进行的资金、技术、实物上的补偿、政策上的优惠以及为增进环境保护意识、提高环境保护水平而进行的科研、教育费用的支出（吕忠梅，2003；秦大河，2014）。生态补偿是一种资源环境保护的经济手段，通过调整损害或保护生态环境的主体间的利益关系，将生态环境的外部性进行内部化，达到保护生态环境、促进自然资本或生态服务功能增值的目的，其实质是通过资源的重新配置，调整或改善自然资源开发利用、生态环境保护中的生产关系。

第十二届全国人大常委会的会议文件中关于生态补偿的相关概念如下：①生态补偿机制是以保护生态环境，促进人与自然和谐发展为目的，根据生态系统服务价值、生态保护成本、发展机会成本，综合运用行政和市场手段，调整生态环境保护和建设相关各方之间利益关系的环境经济政策；②生态补偿机制指在综合考虑生态保护成本、发展机会成本和生态服务价值的基础上，采取财政转移支付或市场交易等方式，对生态保护者给予合理补偿，是明确界定生态保护者与受益者权利义务，使生态保护经济外部性内部化的公共制度安排。生态补偿与生态建设、环境综合治理构成生态环境保护三位一体的工作格局。生态建设是指退耕还林、退牧还草、生态环境保护与建设等工程性措施。环境综合治理是指水、大气、土壤污染的防治措施。生态补偿作为保护生态的制度性措施，不包含生态建设和环境综合治理等工程性内容，也不涉及环境污染造成的赔偿问题。

综上所述，本书将生态补偿定义为：生态补偿（ecological compensation）是以保护生态环境、促进人与自然和谐发展为目的，根据生态保护成本、生态系统服务价值、发展机会成本，综合运用行政和市场手段，调整生态环境保护和建设相关者之间利益关系的环境经济政策（万军等，2005；Engel et al.，2008；李文华和刘某承，2010；黄炜，2013；Li et al.，2015）。

4.1.1.2 生态补偿基本要素

生态补偿的基本要素包括补偿客体、受偿主体和补偿主体及其权责、补偿标准及测算方法、补偿方式、监测评估五个基本要素。

4.1.1.3 生态补偿核心目标

生态补偿的核心目标是形成谁开发谁保护、谁受益谁补偿的生态保护长效机制，增强生态产品生产能力，促进人与自然和谐发展。

4.1.1.4　生态补偿分类

按照补偿方式分可以分为资金补偿、实物补偿、政策补偿和智力补偿等；按照补偿条块可以分为纵向补偿和横向补偿；从空间尺度大小可以分为生态环境要素补偿、流域补偿、区域补偿和国际补偿等。

4.1.2　生态补偿理论基础

生态补偿的理论研究是生态补偿在实际中实施的基础，针对生态补偿的相关理论，国内外学者们从不同的角度先后开展了大量的研究，主要理论观点有以下几方面。

4.1.2.1　生态环境价值论

生态系统具有物质转换、能量流动和信息传递等功能，在实现这些功能的过程中，生态系统也为人类提供了许多有形和无形的服务，生态系统服务功能对人类具有复杂而多样化的价值。生态环境价值可分为两类：第一种是分为使用价值和非使用价值两类，其中使用价值又包括直接使用价值、间接使用价值和选择价值；非使用价值包括存在价值和遗赠价值。第二种是分为产品价值和服务价值两类，其中产品价值是有形的、可以看得见的、可以进行交易的；服务价值是无形的、非直接可见但客观存在的、不可进行交易的（刘燕，2010）。许多学者对生态系统服务价值的计量方法进行了探索性研究，由于生态服务不能在市场上进行交易，西方发达国家在评价它们的价值时多采用意愿调查法等方法。其中，Robert Costanza 等 12 位学者在 *Nature* 发表论文首次系统地测算了全球自然环境为人类所提供服务的价值，他们将生态系统提供给人类的"生态服务"功能分为 17 项生态系统服务，并初步测算出生态系统每年提供的服务价值（Costanza et al.，1997）。该研究产生了轰动效应，并引起了"生态服务"

价值定量研究的热潮。生态系统服务价值理论激发了人们对生态环境破坏进行补偿的意识的觉醒，同时为确定生态补偿标准提供了依据（谢维光和陈雄，2008）。

4.1.2.2 公共物品理论

公共物品的严格定义是萨缪尔森给出的，纯粹的公共物品是指所有成员集体享用的集体消费品，个体消费这种物品不会导致其他个体对该物品的消费的减少（陈钦和刘伟平，2000）。弗里德曼认为，"公共物品一旦被生产出来，生产者就无法决定由谁来得到它"。两位经济学家分别强调了公共物品的非竞争性和非排他性。非竞争性是指一旦公共物品被提供，增加一个人的消费不会减少其他人对该公共物品的消费，也不会增加社会成本；非排他性是指一旦产品被提供就不可能把某一个体从公共物品的消费中排除出去（陈祖海，2008）。公共物品的这两个特征，使每个人相信无论付费与否都可享用公共物品，那么就不会有自愿付费的动机，便产生了"搭便车"现象，即总想让别人提供公共物品给自己免费享用。生态环境是一种公共物品，任何个体都有使用权，又不必付出相应的成本，个体尽情享用，当使用强度超过生态环境的自我调节极限，生态恶化与环境污染产生了，而每个个体又不愿为改善生态环境付出成本，个人理性导致集体的不理性，"公地的悲剧"难免发生，为解决这一问题，客观上要求建立生态补偿机制来约束个体行为（谢维光和陈雄，2008）。

4.1.2.3 外部性理论

外部性是指在没有市场交换的情况下，一个生产单位的生产行为（或消费者的消费行为）影响了其他生产单位（或消费者）的生产过程（或生活标准），即私人收益与社会收益、私人成本与社会成本不一致。马歇尔于1890年首次提出"外部经济"这一概念（马歇尔，1983；闵庆文等，2006），随后庇古在其创立的旧福利经济学中分析边际私人产值与社会产值相背离时提出了外部性概念，并以此确立了外部性理论。罗杰·珀曼在《自然资源与环境经济》

中强调某项决策的外在影响能否得到补偿：当某一个体的生产和消费决策无意识地影响到其他个体的效用或生产可能性，并且产生影响的一方不对被影响的一方进行补偿时，便产生了所谓的外部效应，或简称外部性。外部性可分为外部经济性（正外部性）和外部不经济性（负外部性）。外部经济性是指某一个体因另一个体的存在而受益；外部不经济性则是指某一个体因另一个体的存在而受损。因此，外部性是随着生产或消费活动产生的，产生的影响可能是积极的，也可能是消极的（陈祖海，2008）。

4.1.2.4　产权明晰理论

生态补偿应以资源产权的明确界定为前提，通过市场交易体现产权转让的成本引导资源和环境被适度持续的开发利用（中国生态补偿机制与政策研究课题组，2007）。

4.1.2.5　效用价值理论

效用价值理论是环境经济价值的基础。在西方发达国家，个人消费的偏好被公认为是至高无上的，个人在消费中被假定达到了效用最大化，但是受到条件的限制，即受到他们收入和任何先前已有财富的限制。个人偏好是一种影响效益评价和应该认真考虑的判断。按照效用价值论，目前，全球生态状况不佳，中国生态恶化趋势尚未得到完全遏制（刘旭芳和王明安，2006；陈钦，2006）。

4.1.2.6　市场失灵理论

在市场条件下，在难以形成有效市场买卖机制时，只有选择国家行政命令性的计划征收或定向计划补偿的国家征收形式作为补偿政策，即所谓的国家干预（孔凡斌等，2003）。

4.1.3 三江源区生态补偿概念、主体及内容

三江源区是国家级自然保护区、重点生态功能区，也是我国唯一的国家级生态保护综合试验区，其生态补偿的研究具有重要意义。根据第十二届全国人大常委会的会议文件中的生态补偿概念，结合青海省人民政府办公厅关于印发《三江源生态补偿机制试行办法》（青政办［2010］238 号）的通知，三江源区生态补偿范围包括：推进生态保护与建设、改善和提高农牧民基本生产生活条件与生活水平、提升基层政府基本公共服务能力三个方面。现阶段根据三江源区实际及目前财力情况，重点突出减人减畜、农牧民培训创业和教育发展等方面的补偿。

目前三江源生态补偿主体以国家为主，也有一部分社会力量参与。补偿资金来源主要有中央财政下达的国家重点生态功能区转移支付、天然林保护工程资金、草原生态保护奖励补助资金、支持藏区发展专项资金及其他专项资金；省级预算安排；州、县预算适当安排；中国三江源生态保护发展基金；社会捐赠资金；国际、国内碳汇交易收入等其他资金。

现阶段三江源生态补偿主要包括十二项内容，分别是建立草畜平衡补偿政策；支持重点生态功能区日常管护；支持推进草场资源流转改革；实行牧民生产性补贴政策；建立农牧民基本生活燃料费补助政策；支持开展农牧民劳动技能培训及劳务输出；扶持农牧区后续产业发展；建立"1+9+3"教育经费保障机制；建立异地办学奖补制度；建立生态环境日常监测经费保障机制；提高生态管护机构运转水平；其他补偿。具体情况如下。

建立草畜平衡补偿政策，对生存环境非常恶劣、草场严重退化、不宜放牧的草原，实行禁牧封育，并给予一定的禁牧补助。禁牧期满后，根据草场生态功能恢复情况，继续实施禁牧或者转入草畜平衡、合理利用。根据草原载畜能力，确定草畜平衡点，核定合理的载畜量，对未超载的牧民给予草畜平衡奖励。真正建立起以草定畜、草畜平衡的长效保障机制。

支持重点生态功能区日常管护。支持各县从实际需要出发，合理设置草原生态管护公益性岗位，引导生态移民和退牧还草减畜户从事天然林、河床、退耕地、野生动物和湿地等的日常管护工作。公益性岗位优先从实现草畜平衡，未超载的牧户中安排。

支持推进草场资源流转改革。对草场转出户按草场面积给予一定的经济补偿。同时，对草场转入户按草场面积给予一定的奖励性补助，积极引导和鼓励生态保护缓冲区牧户改变传统畜牧业生产方式，加快草场流转进程，发展生态畜牧业，走集约化发展之路。

实行牧民生产性补贴政策。认真落实对牧民的生产性补贴政策，对肉牛和绵羊继续实行良种补贴的同时，将牦牛和山羊纳入补贴范围；根据人工草场面积实施牧草良种补贴；对牧民改良草场和畜牧品种等购买的柴油、化肥、饲料等生产资料，给予适当补贴。

建立农牧民基本生活燃料费补助政策。根据各地取暖期长短，分类制定补助标准，给每户农牧民每年发放一定的生活燃料费补助，妥善解决农牧民群众基本生活燃料问题。

支持开展农牧民劳动技能培训及劳务输出。与现行促进就业的相关政策相衔接，整合资金，提高培训和转移输出补助标准，定向开展自主创业技能培训，推动农牧区富余劳动力向城镇转移。

扶持农牧区后续产业发展。逐步扩大生态移民创业基金规模，引导和鼓励农牧民自主创业和转产创业。同时，增加投入，扶持现代畜牧业、生态旅游业、特色文化产业等新型产业的发展。

建立"1+9+3"教育经费保障机制。增加资金安排，在切实保障九年义务教育经费的同时，对幼儿学前教育、中等职业教育实行免费教育。

建立异地办学奖补制度。安排一定经费，对生源地为三江源区的农牧民家庭子女实行异地办学。

建立生态环境日常监测经费保障机制。安排必要的经费保障地面监测和遥感监测站网的正常运行，重点开展草地、湿地、森林、沙化土地、水文、水资源、水土保持、环境质量、气象要素等监测工作。

提高生态管护机构运转水平。支持建立健全各县生态保护管理机构，并合理安排人员及运转经费。同时，逐步提高各县气象监测站、草原管理站、草原和森林防火队、草原监理站、水文站、林业监测站、野生动植物保护管理站、动物防疫站、畜牧技术服务站、农牧区经营管理站等机构的公用经费标准。

其他补偿。对城乡公共服务设施日常维护、群众文化体育事业发展、城乡居民最低生活保障、社会养老保险、医疗卫生保障、特殊医疗救助、计划生育补助、基层政府运转、防汛抗旱、维护社会稳定等方面，在认真执行现行相关政策的基础上，从实际出发，积极进行探索和尝试。

4.2 三江源区生态补偿现状

4.2.1 主要相关政策

20 世纪 70 年代开始，受气候变化及人口增长等因素影响，三江源区生态环境持续恶化，80 年代起，黄河源头数次断流（李穗英等，2009）。为保护和治理三江源区生态环境，1998 年青海省政府发布了停止采伐天然林［《青海省人民政府关于停止天然林采伐通告》（青政（1998）75 号）］、禁止开采沙金等政策法规；2000 年国家林业局启动了天然林保护工程，并将文件《关于请尽快考虑建立青海三江源自然保护区的函》（林护自字（2000）31 号）下发青海省；2000 年青海省批准建立三江源省级自然保护区；2003 年国务院正式批准三江源自然保护区晋升为国家级；2005 年国务院第 76 次常务会议批准《青海三江源自然保护区生态保护和建设总体规划》（简称三江源一期工程），启动共计投资 75 亿元的三江源生态保护与建设工程，这是迄今为止中国最大的生态保护项目；2006 年青海省政府取消了对三江源区州、县两级政府 GDP、财政收入、工业化等经济指标的考核。2008 年，国务院出台了《关于支持青海等省藏区经济社会发展的若干意见》（国发〔2008〕34 号），其中明确提出加快建立生态补偿机制。青海省于 2010 年出台《关于探索建立三江源生态补偿机制的若干意见》（青政〔2010〕90 号），并于 2011 年颁布《青海省草原生态保护补助奖励机制实施意见（试行）》《关于印发完善退牧还草政策的意见的通知》《三江源生态补偿机制试行办法》。2011 年 6 月，国务院发布《全国主体功能区规划》，三江源草原草甸湿地生态功能区列入 25 个国家重点生态功能区，实行限制开发和禁止开发管理；2011 年 7 月财政部印发《国家重点生态功能区转移支付办法》；2011 年 11 月国务院批准实施《青海三江源国家生态保护综合试验区总体方案》；2013 年 12 月 18 日，国务院批准实施《青海三江源生态保护和建设二期工程规划》。由此可知，10 多年来，青海省和国家有关部委已经在三江源区逐步开展了形式多样的生态补偿与生态保护政策措施（表4-1），为改善生态环境状况发挥了巨大作用。

表 4-1 　三江源区生态补偿与生态建设政策概况

政策公告	发布年度	发布部门
《关于请尽快考虑建立青海三江源自然保护区的函》	2000	国家林业局
正式批准三江源自然保护区晋升为国家级	2003	国务院
《青海三江源自然保护区生态保护和建设总体规划》	2005	国务院
《关于支持青海等省藏区经济社会发展的若干意见》	2008	国务院
《关于探索建立三江源生态补偿机制的若干意见》	2010	青海省政府
《关于印发完善退牧还草政策的意见的通知》	2011	农业部、财政部
审议通过《青海三江源国家生态保护综合试验区总体方案》	2011	国务院
批准实施《青海三江源生态保护和建设二期工程规划》	2013	国务院

4.2.2　主要生态保护工程

三江源区的生态保护工程主要是为了保护和恢复三江源区受损的生态系统，包括对草地、林地、湿地等三江源区主要生态系统的恢复补偿。从 2000 年开始启动的天然林保护工程到 2012 年仍在实施的《青海三江源自然保护区生态保护和建设总体规划》中生态工程，基本采取了项目管理的模式（马洪波，

2009），即先由地方有关部门编制项目规划并报请中央对口部门或国务院审核批准，中央财政综合平衡后下达资金计划到地方政府，项目实施中中央对口部门进行监督管理。

三江源区生态保护工作从 2000 年前后开始实施，先后开展了一些主要生态保护工程（表4-2）。其中以 2005 年启动的《青海三江源自然保护区生态保护和建设总体规划》中的生态保护工程为主。

表4-2　三江源区主要生态保护工程概况

工程名称	相关部门	总金额投入	实施年份	补偿方向
青海省三江源头天然林保护工程	林业部	12.12 亿元	2000 年至今	森林保护
退牧还草工程	国务院西部开发办、国家计委、农业部、财政部、国家粮食局	—	2003～2007 年	草原保护
青海三江源自然保护区生态保护和建设总体规划	发展和改革委员会	42.00 亿元	2005～2011 年	生态保护 生产生活 公共服务
草原生态保护补助奖励机制	农业部、财政部	—	2011 年至今	草原保护
青海三江源国家生态保护综合试验区	—	规划中	2011 年	生态保护 生产生活 公共服务

4.2.3　主要生态补偿政策

2008 年起，中央财政对国家重点生态功能区范围内的数百个县（市、区）开始实施资金转移支付，由财政部直接拨付各地，从 2008 年 60 亿元、2009 年 120 亿元、2010 年 249 亿元、2011 年 300 亿元（平均每县约 6637 万元），2012 年达到 371 亿元。2013 年中央财政转移支付资金达到 440 亿元左右。2009 年，全国有 300 多个县获得生态转移支付；而到 2010 年，扩大到 451 个县；2012 年扩展到 452 个县；2013 年生态补偿考核范围扩大到 466 个县。其中，2011 年生态补偿财政转移支付资金主要用于民生保障与政府基本公共服务、生态建设、环境保护等方面，三者比例分别为 43%、32%、25%。

三江源区已实施的生态补偿完全属于政府主导型的生态补偿，而且是以中央政府作为主体的纵向生态补偿。从 2005 年起，中央财政决定每年对青海省三江源区地方财政给予 1 亿元的增支减收补助，保障了三江源区机关、学校、医院等单位职工工资正常发放和机构稳定运转。从 2008 年开始 [《财政部关于下达 2008 年三江源等生态保护区转移支付资金的通知》 （财预［2008］495 号）]，财政部以一般性转移支付形式，给三江源区、南水北调等地区，通过提高部分县区补助系数等方式给予生态补偿。这部分转移支付直接下给青海省财政厅，然后青海省财政厅根据财政部三江源区等生态保护区转移支付所辖县名单和支付清单下达给有关州（地）市。财政部要求省市两级财政也要逐步提高对上述生态功能县的补助水平，享受此项转移支付的基层政府要及时将转移支付用于涉及民生的基本公共服务领域，并加强监督和管理，切实提高公共服务水平。根据三江源区财政总收入和地方财政收入来看（表 4-3），地方财政收入所占比例很低，剩余部分基本来源于中央财政转移支付，从表 4-3 中可看出 2010 年三江源区大部分县中央财政的转移支付占总财政收入 90% 以上。

表 4-3　2001 年、2004 年、2010 年三江源区各县中央财政补助比例

地区	财政总收入/万元			地方财政收入/万元			中央拨付比例/%		
	2001 年	2004 年	2010 年	2001 年	2004 年	2010 年	2001 年	2004 年	2010 年
玛多县	678	3 911	25 242	92	124	325	86.43	96.83	98.71
玛沁县	1 855.2	17 260	39 417	931	528	1 906	49.81	96.94	95.16
甘德县	325	4 174	28 082	260	131	447	20.00	96.86	98.41
久治县	679	4 409	29 037	257	142	469	62.15	96.78	98.38
班玛县	2 340	4 696	32 351	664	262	526	71.62	94.42	98.37
达日县	411	5 240	31 203	199	194	614	51.58	96.30	98.03
称多县	3 736	6 175	53 969	536	393	502	85.65	93.64	99.07
杂多县	2 893	4 425	511	316	134	511	89.07	96.97	0.00

地区	财政总收入/万元			地方财政收入/万元			中央拨付比例/%		
	2001 年	2004 年	2010 年	2001 年	2004 年	2010 年	2001 年	2004 年	2010 年
治多县	3 210	4 425	38 171	311	123	619	90.31	97.22	98.38
曲麻莱县	3 834	4 005	39 590	1 375	165	507	64.14	95.89	98.72
囊谦县	4 359	7 087	59 242	341	117	687	92.18	98.35	98.84
玉树市	5 691	8 740	37 303	1 243	1 000	3 137	78.16	88.56	91.59
兴海县	1 028	1 247	51 205	676	882	5 018	34.24	29.27	90.20
同德县	4 207	608	1 770	887	504	1 437	78.92	17.11	18.81
泽库县	4 613	124	651	273	124	651	94.08	0.00	0.00
河南县	604	461	1 345	257	461	858	57.45	0.00	36.21

注：表中数据根据《青海统计年鉴（2002）》《青海统计年鉴（2005）》《青海统计年鉴（2011）》整理得到

三江源区生态补偿工作以 2008 年实施的生态补偿财政转移支付为重点，是主要基于《财政部关于下达 2008 年三江源等生态保护区转移支付资金的通知》（财预〔2008〕495 号）、《国家重点生态功能区转移支付办法》（财预〔2011〕428 号）、《2012 年中央对地方国家重点生态功能区转移支付办法》（财预〔2012〕296 号）等文件政策实施的生态保护资金补偿以及基于财政转移支付的间接生态补偿。按三江源区生态补偿的概念与目标，现有的三江源区生态补偿主要分为生态工程补偿、农牧民生产生活补偿及公共服务能力补偿。其中，农牧民生产生活补偿、公共服务能力补偿具体如下。

4.2.3.1　农牧民生产生活补偿

三江源区藏族人口占 90% 以上，牧业人口占 2/3 以上，人口密度小于 2 人/km²。最新的青海国家级贫困县名单（2012 年 3 月 20 日公布），全区 16 个县（市）中有 8 个贫困县，贫困人口占人口总量的 70% 以上。农牧民为三江源区生态保护牺牲了各种发展机会，国家给予了一定的生态补偿。对农牧民的生产生活补偿资金主要来源于 2005 年实施的《青海三江源自然保护区生态保护和建设总体规划》，主要来源于中央财政资金支持。主要补偿项目和投资金额如表 4-4 所示。

表 4-4　三江源区农牧民生态补偿项目统计表

序号	工程名称		年限	工程量	投资/万元
1	《青海省牧民聚居半舍饲建设试点项目实施方案》	退牧还草集中安置	2003~2007	21 021 人	—
2	《青海三江源自然保护区生态保护和建设总体规划》	生态移民	2005~2011	55 774 人	44 617
		建设养畜配套	2005~2011	30 421	83 766

4.2.3.2　公共服务能力补偿

自 2005 年开始，青海省确定了三江源区的发展思路以保护生态为主，并决定地处三江源核心区的果洛、玉树两州不再考核 GDP，取而代之是对其生态保护建设及社会事业发展方面的具体指标的考核。各种产业发展受到各种限制，三江源区财政收入很少，政府机构的正常运行及公共服务能力建设主要靠中央财政转移支付支撑。

近几年，三江源区以专项形式的公共服务补偿有以下几项（表 4-5），这些项目也主要依赖于 2005 年实施的《青海三江源自然保护区生态保护和建设总体规划》。

表 4-5　三江源区公共服务补偿项目统计表

序号	工程名称	年限	工程量	投资/万元
1	小城镇建设	2005~2011	41 个	29 275.00
2	人畜饮水	2005~2011	256 处	9 231.00
3	生态监测	2005~2011	—	3 859.00
4	科研课题及应用推广	2005~2011	17	2 374.00
5	科技培训	2005~2011	37 000 人（次）	4 370.00
6	生态移民后续产业	2009~2011	—	2 500.00
7	能源建设	2005~2011	28 504 户	18 557.00

4.3 三江源区生态补偿成效

4.3.1 生态环境治理初见成效

近年来，三江源区生态工程取得了较大成效，具体体现在以下方面：①增草效果明显。三江源区退化草地治理面积 1365km²，占退化草地面积的 0.6%。2002 年至今，三江源区中等覆盖度草地面积持续呈稳定趋势，高覆盖度草地以 2300 km²/a 的速度增加，严重退化区植被覆盖率明显提升，黑土滩治理区植被覆盖度由原来的 20% 提高到 80%。2005 年至今草地平均产草量（干重）为 67 466kg/km²，比 1988~2004 年的平均产量增加了 14 243kg。植被由退化趋势向改善趋势转变（邵全琴和樊江文，2012；秦大河，2014；Li et al.，2015）。②减畜效果明显。2003~2009 年三江源区载畜量降低了 300~500 万个羊单位，占原有载畜量的 14%~23%，禁牧面积 26 100km²，占可利用草地面积的 11%，48.1% 的移民家庭草场处于禁牧状态，由移民带来的减畜量约为 241 万羊单位[①]。③2000~2010 年三江源区生态环境明显改善，生态系统服务功能略有增强。

三江源区重点生态治理工程中完成情况见表 4-6。总体来看，三江源区生态治理工程取得了一定的成效，有些工程已超额完成。但部分治理工程，如黑土滩及水土保持的治理急需加大力度和投入。

4.3.2 农牧民生活总体有一定改善

三江源区通过实施生态移民、科技培训、小城镇建设等各类生态保护和建设工程，使得三江源区农牧民的生产生活方式发生重大变化。特别是通过开展

---

① 数据来源于青海省草原总站、青海省三江源生态保护和建设办公室。

表 4-6　三江源区主要生态工程治理成效

治理工程 完成情况	工程名称	年限	工程总量 /万 hm²	已完成工程量 /万 hm²	完成比例/%
已完成及 超额完成	退耕还林	2005～2011	0.65	0.65	100.00
	沙漠化土地防治	2005～2011	4.41	4.41	100.00
	鼠害防治	2005～2011	209.21	785.41	375.40
未完成	退牧还草	2005～2011	643.89	370.27	57.50
	封山育林	2005～2011	30.14	19.33	64.10
	重点湿地保护	2005～2011	10.67	3.87	36.20
	黑土滩综合治理	2005～2011	34.84	9.23	26.40
	水土保持	2005～2011	5.00	1.50	30.00

注：数据来源于青海省三江源生态保护和建设办公室

生态移民，草原牧民生产方式发生重大变革，促进草原牧民从粗放型游牧生产转向规模化、集约型的产业化经营，提高了农牧业生产的效率和效益，也为农牧民从事各种非农产业创造了有利条件，加快从原始散居的游牧生活跨入现代城镇的定居生活。总体上，三江源区从 2005 年实施较为全面的生态补偿开始，农牧民生活总体上有一定程度的改善，农牧民人均收入纯收入总体上有较大幅度的提高，但是相比全国和青海省同期增幅程度还有一定差距。

根据青海省统计年鉴，2004 年三江源区农牧民人均纯收入为 1807.13 元，2010 年提高到 3132.14 元，三江源区 16 县（市）农牧民人均纯收入提高了 1325.04 元，提高了 73%（各县情况详见表 4-7）。2004 年全国与青海省农村居民人均纯收入分别为 2936 元和 2004.6 元，2010 年全国与青海省农民人均纯收入分别达到 5919 元和 3863 元，相对于 2004 年分别提高了 102% 和 92%。2010 年三江源区农牧民人均纯收入水平和相对于 2004 年的增加水平，均低于全国和青海省的平均水平。

三江源区 2004 年以来农牧民人均纯收入年均增长 10% 以上，目前人均纯收入为 4406 元（《青海省统计年鉴（2013）》）。三江源区 2004 年财政总收入为 7.7 亿元，2010 年增加到 47 亿元。农牧民从传统的游牧方式开始向定居或半定居转变，由单一的靠天养畜向建设养畜转变，由粗放畜牧业生产向生态畜牧业转变（Li et al.，2015）。

表4-7 三江源区移民前后农牧民收入变化

地区	2004 年	2010 年	增加情况/%
	农牧民人均纯收入/元	农牧民人均纯收入/元	
玛多县	1 792.00	2 560.88	42.90
玛沁县	3 077.00	4 200.84	36.50
甘德县	1 394.00	2 027.50	45.40
久治县	1 599.00	2 363.30	47.80
班玛县	1 660.00	2 424.71	46.10
达日县	1 269.00	1 860.51	46.60
称多县	1 439.00	3 892.74	170.50
杂多县	1 783.00	2 921.42	63.80
治多县	1 884.00	3 590.58	90.60
曲麻莱县	2 106.00	3 138.63	49.00
囊谦县	1 298.00	2 171.72	67.30
玉树市	1 854.00	5 652.42	204.90
兴海县	2 427.00	4 796.44	97.60
同德县	2 307.00	4 744.47	105.70
泽库县	1 260.00	2 317.41	83.90
河南县	2 210.00	4 012.03	81.50
唐古拉山乡	/	/	/
总计	29 359.00	52 675.60	79.42
均值	1 834.94	3 292.23	79.42

注：数据来源于《青海省统计年鉴（2005）》和《青海省统计年鉴（2011）》；"/"代表尚无具体数据

4.3.3 生态移民工作有一定成效

三江源区新建生态移民社区113个，移民总户数14 686户，占总户数的12%，移民总人口7.7万人，占总人口的10%（青海省三江源生态保护和建设办公室）；增加灌溉饲草料基地33.35km²，建设养畜户3.04万户。青海省财政出资 3000 万元建立了生态移民创业扶持资金，自 2009 年起每年下达 4000 万元的生态移民群众生活补助（Li et al.，2015）。

4.3.4　公共服务能力有所提高

三江源区财政收入在三江源区生态补偿工程开展以来，虽然许多产业的发展受到限制，但根据青海省统计年鉴资料分析，三江源区 16 县（市）总财政收入2010 年较 2004 年有较大幅度提高，总体水平高于青海省提高水平（表4-8）。国家财政转移支付有效保障了三江源区内基层各级政权的正常运转，维持了三江源区内机关、学校、医院等单位职工工资正常发放和机构稳定运转。

表4-8　三江源区实施全面生态补偿前后财政总收入变化

区域	2004 年	2010 年	增加比例/%
	财政总收入/万元	财政总收入/万元	
三江源区 16 县（市）总计	76 987	469 089	509
青海省	1 425 380	5 974 197	319

数据来源：《青海省统计年鉴》。

通过实施补偿政策，三江源区 23 个小城镇的基础设施得到改善，饮用水建设惠及 6 万余人，能源建设惠及 4 万余户以及 61 所学校，科技培训 3.70 万人次（青海省三江源生态保护和建设办公室）。三江源区基础设施及产业扶持概况见表4-9。

表4-9　三江源区基础设施建设及产业扶持成效

建设项目	饮用水建设惠及人口	能源建设惠及人口	产业扶持	科技培训
受益人群	6.16 万人	4 万余户及 61 所学校	惠及 10 个县移民	3.70 万人次

4.3.5　教育补偿开始起步

1949 年以来，在科教兴国基本国策的带动下，全国教育事业蓬勃发展，同时随着西部大开发的深入，尤其是近年来国家加大了藏区发展力度，制定了一系列发展教育的特殊政策和措施，三江源区的教育也发生了较大变化，但由于基础薄弱，三江源区的教育水平仍显落后（李芬等，2014）。目前，青海省在国家的大力支持下，制定了三江源生态补偿机制试行办法，其中，通过建立"1+9+3"（1年学前教育、9年义务教育、3年中等职业教育）教育经费保障机制，在切实保障9年义务教育经费的同时，对幼儿学前教育、中等职业教育实行免费教育；通过建立异地办学奖补制度，对生源地为三江源区的农牧民家庭子女实行异地办学；通过支持开展农牧民劳动技能培训及劳务输出，定向开展自主创业技能培训，推动农牧区富余劳动力向城镇转移。从2011年秋季学期开始，三江源区的"1+9+3"教育补偿资金开始拨发到县，补偿资金见表4-10（李芬等，2014）。三江源区"1+9+3"教育经费补偿机制、三江源区异地办学奖补机制及藏区职业免费教育等政策的实施促进了三江源区教育的发展（表4-11）（李芬等，2014）。

表4-10　三江源区教育及技能培训和转移就业生态补偿资金表

（单位：万元）

地区	合计	教育补偿	技能培训及转移就业补偿
泽库县	2 087.00	1 728.00	359.00
河南县	790.50	569.00	221.50
共和县	1 979.80	1 744.00	235.80
同德县	1 085.55	955.00	130.55
兴海县	1 037.20	860.00	177.20
玛沁县	571.00	435.00	136.00
班玛县	567.00	478.00	89.00
甘德县	665.30	594.00	71.30
达日县	864.35	722.00	142.35
久治县	400.07	327.00	73.07
玛多县	404.28	316.00	88.28
玉树市	4 065.06	3 869.00	196.06
杂多县	443.08	317.00	126.08

续表

地区	合计	教育补偿	技能培训及转移就业补偿
称多县	526.62	364.00	162.62
治多县	374.08	250.00	124.08
曲麻莱县	319.80	206.00	113.80
唐古拉山乡	148.00	37.00	111.00

注：数据来源于青海省三江源生态保护和建设办公室

表 4-11 三江源区教育及技能培训和转移就业生态补偿资金标准

补偿项目			补偿标准	已下达的补偿资金
"1+9+3"教育	学前教育	—	3 700 元/年/生	15 615.00 万元
	9 年义务教育	非寄宿制	3 900 元/年/生	
		寄宿制	4 000 元/年/生	
	中等职业教育	一二年级	4 200 元/年/生	
		三年级	3 500 元/年/生	
异地办学奖补	初中生	—	4 500 元/年/生	
	普通高中生	—	5 500 元/年/生	
	中职生	一二年级	6 500 元/年/生	
		三年级	5 500 元/年/生	
	普通高校学生	本科生	10 000 元/年/生	
		专科生	6 000 元/年/生	
农牧民技能培训和转移就业补偿	就业技能培训	生活费	20 元/天/人	18 144.25 万元
		交通、住宿费	州外省内 300 元/年/人；省外 800 元/年/人	
	转移就业	职业介绍机构	省内 300 元/人；省外 400 元/人	
		劳务经纪人	200 元/人	
		农牧民	省内 200 元；省外 600 元	
	初次自主创业	省外	5600 元/人次	
		省内	跨州 5200 元/人次	

注："—"表示此处可省略；已下达的补偿资金按 16 县（市）1 乡整理

4.4 三江源区生态补偿存在的主要问题与不足

近 10 多年来，青海省和国家有关部委已经在三江源区逐步开展了形式多样的生态补偿措施，为改善三江源区生态环境状况发挥了巨大作用。但是，从三江源区生态问题产生的根源和解决问题所需要的时间来看，三江源区生态补偿还存在以下几个方面的不足，生态补偿长效机制还远没有建立起来。

4.4.1 缺乏国家层面顶层设计

4.4.1.1 三江源区生态补偿缺乏国家立法保障

20 世纪 80 年代以来，国家先后制定了多部有关生态环境保护建设的法律、法规，青海省也先后制定 20 多部生态环境及相关的地方性法规、单行条例。但在三江源区生态保护和建设问题上未制定统一、专门的法律法规，现行立法没有考虑到该地区特殊的生态环境问题，目前所开展的三江源区生态环境保护及补偿的重大政策、关键举措和紧迫问题，没有对应的明确规定的现行法律，也没有哪一级政府或哪一个行政主管部门有权有责解决或能够解决这些问题。目前三江源区实施的生态补偿主要以《青海三江源自然保护区生态保护和建设总体规划》的工程项目形式及给地方财政转移支付实施，没有明确的法律依据和支撑，存在极大不确定性和长效性。

三江源区目前可以参照执行的规范性文件仅有《青海省人民政府办公厅关于加强我省生物物种资源保护和管理的意见》等为数不多的几个规范文件。2006 年，青海省人大常务委员会曾提出《青海省三江源区生态环境保护和建设条例（草案）》的讨论稿，但一直未形成正式法律法规。

三江源区虽然在地理上位于青海省境内，但其所发挥的生态屏障作用和生态服务所辐射的范围却涉及我国长江、黄河中下游乃至东南亚地区，因此三江源区生态保护绝不仅仅是青海省自己的事情，需要在国家层面立法予以保障，提出三江源区生态保护的要求，明确生态补偿的方式、途径和标准。

4.4.1.2 三江源区生态补偿缺乏稳定的常态化资金渠道

三江源区作为全国重要的生态功能区，目前没有建立持续、稳定的补偿资金渠道。三江源自然保护区建立以来，相继实施了退耕还林、休牧育草、停止砂金开采和限制中草药采挖等一系列生态保护工程和措施，地方财政大幅减收。国家给予当地农牧民各项补偿经费，但随着各项工程逐步到期，解决农牧户长远生计的长效机制尚未根本建立，从而难以巩固现有各项生态工程的成果。同时，国家预算投入也缺乏连续性和稳定性。从目前来看，国家还没有建立专项财政转移支付用于三江源区生态环境建设，现有的国家投资是一个阶段性投入，之后能否继续投入、投入的规模有多大等都存在不确定性；并且地方政府也缺乏足够的资金配套能力。农牧户对于生态补偿政策延续性顾虑较多。调研中发现，所有农牧民最担心的是生态补偿资金发放的可持续性。例如，黄南州泽库县宁秀乡智格村的拉日多杰牧民一家共 5 口人，移民前畜牧收入为8000 元/年，挖虫草收入为 1800 元/年；移民后畜牧收入减少为 2000 元/年，生态补偿金额为 3000 元/年，短期务工收入为 2000 元/年，挖虫草收入为 3000元/年，在调查的移民人群中属于中等收入家庭。他最担心的是政府是否还能继续发放生态补偿资金。

虽然国家和地方各级政府已经投入了大量资金用于三江源区生态保护，但均没有针对生态补偿列出明确的科目和预算，多采用生态保护规划、工程建设项目、居民补助补贴的形式，因此现有生态补偿多是阶段性、临时性的政策措施，存在政策到期后能否延续，如何延续的问题，造成当地政府和老百姓对于生态补偿政策延续性顾虑较多。

4.4.1.3 生态补偿多头实施、分散管理，相关配套及运行费用难以归项

由于缺乏明确的生态补偿资金渠道，国家各个部门均从各自领域以不同的

方式支持三江源区生态保护恢复，例如，2007 年财政部、国家林业局联合开展了森林生态效益补偿，2008 年财政部通过国家重点生态功能区转移支付，2011 年财政部会同农业部出台草原生态保护奖励补助政策。这些生态补偿由于多是以工程项目的方式实施，往往需要定期申报，并只能用于某项或某类具体的生态保护措施。这一方面不利于地方政府总体考虑三江源区生态保护需求统筹安排生态补偿经费使用；另一方面，三江源区其他基础设施和公共服务等相关配套及运行费用难以归项。

4.4.2　补偿标准与资金的投入偏低

目前中央财政拨款是三江源区生态保护和建设投入的主要来源，国务院规划从 2005 ~ 2011 年年均投入 15 亿元左右用于三江源自然保护区的生态保护和建设，相当于 1 km^2/a 生态建设与保护投资额 1 万元左右。然而三江源区面临着相当艰巨的生态保护和建设任务，如草场超载严重、草场退化和水土流失面积巨大、治理难度很大等问题；同时，由于三江源区面积大、生态环境脆弱、生态建设与管护成本高，这样的投资规模和期限难以满足生态环境建设与保护的需要。据调研，黄南州泽库县和日乡总面积为 1006.67 km^2，黑土滩面积达 400 km^2，沙化草场达 2 km^2，但是生态工程建设仅支持了该乡黑土滩治理 0.02 ~ 0.03 km^2，沙化草场未得到生态工程资金支持。

三江源区已经相继实施了退耕还林、休牧育草、停止砂金开采和限制中草药采挖等一系列生态保护工程和措施，地方财政大幅减收。国家给予当地牧民、地方政府的各项补偿经费相对偏低，牧民长远生计尚未根本解决，又随着各项工程逐步到期，生态补偿资金投入难以保障，从而难以巩固现有各项生态环境治理的成效。因此，需加大三江源区生态补偿资金投入力度。

以三江源区开展的生态移民为例（李芬等，2014；Li et al.，2015），三江源区生态移民由国家一次性提供住房和搬迁补助，并分年度发放饲草饲料、燃料、生活困难补助和退牧还草补偿等费用。截至目前，国家为移民一次性投资共计支出约 6 亿元，平均每户约 4 万元，每人约合 8000 元。除以上一次性投资之外，年度发放的各项补偿费用共计约 5621 万元，分别合每户约 4000 元，人均约 700 元。但调查结果分析显示，虽然国家对三江源区生态移民下发固定补助资金，按人均计算收入并未降低，但原本可以自足的食物和燃料现都需要购买，生活成本明显增加，导致生活困难。移民整体家庭收入约 9159 元，较移民前的 6718 元有所增加。移民后家庭食品、衣服、燃料消费每年约 34 790 元，其中燃料（牛粪），食品中的肉、酥油等费用共计 22 500 元，占家庭支出的 65%，此部分费用在移民前属于家庭自给产品，移民后此部分消费支出增加，而国家对移民的生态补偿每户约合 4000 元，导致完全依赖于补偿金生活的移民生活入不敷出，加上社会保障系统不健全，使得部分移民家庭基本生活条件未得到保障。

近年来，国家通过各种生态补偿方式对三江源区生态保护投入了大量资金，但是这些生态补偿大多是依据国家相关规范或标准确定经费数额，没有考虑到三江源区地处高寒地区，所参考的标准与三江源区的实际情况相比明显偏低，这样造成生态补偿的资金投入较少，与三江源区的空间范围和生态问题的艰巨性相比，远远不足以系统性地解决三江源区的生态保护与恢复问题。

4.4.3　补偿资金使用成效缺乏有力的监管

三江源区已开展的生态补偿多以规划、工程、项目或补贴等形式实施，在实施过程中有些开展了成效评估工作，但从总体上看，生态补偿资金使用缺乏系统有力的监管，使生态补偿资金没有最大限度地发挥出应有的成效。

4.4.3.1　生态补偿资金使用监管政策缺失

以财政部实施的国家重点生态功能区转移支付为例，2008 年起中央财政对包括三江源国家重点生态功能区在内数百个县（市、区）开始实施资金转移支付，由财政部直接拨付各地，并分别以财预［2008］495 号、财预［2011］428

号和财预［2012］296号文件出台了相关管理规定，但这些规定并没有制定详细的资金使用办法，也没有提出明确的资金使用监管措施。在资金下拨到省之后，混同其他转移资金一起下拨到各县，各县在使用过程中并没有考虑将这些转移资金更多地用于生态保护恢复，影响了资金的使用效率。同时由于多以项目代补偿，在补偿资金使用方面缺少统筹规划，有些项目难以通过生态补偿资金实施，致使有些地方政府不得不采用变通的方法挤占或挪用生态补偿资金。由于三江源区地域辽阔，经济落后，基层政府主管机关的执法工具和设备不完备，行政执法人员只能在力所能及的范围内对少数违法事项进行查处。目前三江源区的行政管理费用主要用于发放工资和干部生活补贴，基本缺乏对三江源区生态环境保护进行全面管理和充分执法的资金、技术和设备（手段、设备和工具），有些管理和执法机构连汽车等交通工具、摄影录像等执法工具、监测仪器和信息库等设备都没有。

4.4.3.2　生态补偿对象未予以要求和监管

三江源区先后以饲草饲料、燃料、生活困难补助和退牧还草补偿等各种形式对牧民进行了生态补偿，但是没有对牧民提出明确的生态保护、计划生育、接受义务教育等要求。再以生态移民为例，由于缺乏监管，移民返牧现象普遍存在，未发挥出应有的减牧成效（李芬等，2014；Li et al.，2015）。据调查结果，38.3%的移民家庭有畜牧业收入，15.6%的移民家庭将草场出租其他牧户继续放牧，51.9%的家庭草场存在返牧现象。据泽库县调研了解到，60%的受访牧户享有生态补偿资金，但是这些牧民的草场超载现象却较为普遍。对牧民的生态补偿是在基于牧民直接退牧减畜或参与草场治理维护而给予的资金补偿，就实施现状来看，补偿资金发放后政府对于减畜监管存在漏洞。

4.4.4　后续产业发展艰难

三江源区经济社会发展相对较为落后、欠发达，产业主要以草地畜牧业为主。由于社会发育程度低，经济总量小，产业结构单一，三江源区农牧民就业渠道极为狭窄。另外，生态移民文化素质相对较低，劳动技能较差，基本未掌握其他生产劳动技能，且由于语言障碍，导致其就业务工作渠道非常窄，造成三江源区多数移民成为社会闲散无业人员。据调查，约有34%的移民家庭在过去一年中未参加任何形式务工活动，务工活动不足3个月的家庭约占65%，劳动力每年人均务工时间仅为2.5个月（李芬等，2014）。因此，三江源区需培育后续产业，提高牧民自我发展能力，实现保护与发展同步。

要使生态移民"搬的出、稳的住、能致富、不反弹"，后续产业的发展是重要保证，也是基层政府面临的最大难题。应急性的、短期性的工作开展了不少，也增加了部分移民的收入，但建立起长效性的后继产业十分艰难。三江源区移民的自身条件是生产方式转变困难的根本因素，移民通过务工经商增加家庭收入并不明显。移民的劳动力中文盲率高达69%，具有小学文化程度的占21%，具有中学及以上文化仅为10%，又由于一直从事放牧，移民的劳动技能单一，除了会放牧，别无他长。尽管政府投入大量资金来让他们掌握一技之长，但仅靠800元的培训费和十来天的培训时间，就指望建立起他们的谋生手段，很不现实。例如，18岁的曲尼一家现在定居在玉树州杂多县夏果滩移民社区，全家除了国家每年的生活补助外，主要收入来源是挖虫草。去年他与村里9名年轻人到苏州打工，由于只会藏语而不懂普通话，除了放牧外没有其他劳动技术，只维持不到半个月就都返回家乡了。因此，建立起长效性的后继产业是三江源区生态移民成败的关键。

4.4.5　缺乏完善的社会保障体系

三江源区实施生态移民工程后，生态移民搬迁到新定居点后，享受到了国家给予的基本的社会保障和公共服务，2010年起，三江源区各农牧区基本实现了养老保险全覆盖［《青海省人民政府关于开展新型农村牧区社会养老保险试点工作的实施意见》（青政（2009）63号）］，并通过"新型农村合作医疗"

"城乡特困人口医疗救助制度"实现了医疗保险全覆盖，社会效益明显，生态效益开始显现。但牧民搬迁之后，原有的草场实行退牧还草，失去了放牧、养殖、农副产品采摘等基本生活来源，生活支出急剧增加，想在短时间内通过集中培训掌握一项新的谋生技能非常困难。目前主要依靠国家给予的退牧还草补助维持生计，等到退牧还草政策有效期结束后，移民的长远生计缺乏保障。只有建立起完善的教育、医疗、养老及就业等社会保障体系，才能使三江源区生态移民真正做到"移得出、稳得住、能致富、不反弹"。

三江源区养老及医疗保险是有法可依的，但移民绝大多数属于贫困牧民，如果老年后想获得更多的养老金（高于基础养老金部分），参加保险人必须要缴纳个人保险费。但目前大部分移民收入基本用于生存和生活，个人缴费是建立移民社会保险制度的难点。考虑他们为国家生态安全的牺牲，实施将个人缴费部分纳入补偿范围的相关政策，才能体现生态补偿的意义。

4.4.6 缺乏宗教补偿和文化补偿

三江源区是基本上属于信仰藏传佛教的藏民族居住地，民族文化与宗教文化是交互影响的，同时牧民还传承了传统的草原游牧文化，而现有生态补偿机制中，关于文化保护的补偿内容严重缺失。为了实施生态保护和建设，国家采取了生态移民政策，但是移民的民族文化和生产生活方式将受到一定影响。合理的政策与补偿措施应该将生态保护与宗教文化补偿相互兼顾，寺院是藏区文化表现的一种承载体，因为保护自然环境对于其给予补偿具有十分重要的意义。

已有研究发现（Li et al., 2013a, 2013b；Li and Lu, 2014），寺院的分布与雪豹的分布有较大的相关性，且寺院周围的生物多样性也十分丰富，这也说明寺院对于三江源区的自然环境的保护起到了积极作用。但现有的补偿政策基本没有涉及文化及宗教补偿方面，《青海三江源自然保护区生态保护和建设总体规划》中也基本没有具体工程。

5

三江源区生态补偿总体战略

三江源区生态保护与恢复工作具有艰巨性、综合性和长期性的特点，三江源区仍将需要通过长期持续不懈的艰苦努力才可能实现生态系统根本性的改善和恢复。三江源区生态保护造成该区人口、资源、环境矛盾极为突出，急需建立生态补偿长效机制来缓解这一矛盾，并确保对三江源区生态保护恢复予以长期稳定的支持，通过持续不懈地开展生态恢复、减牧压畜、人口控制、教育发展、产业发展、能力建设、制度完善等措施，使退化生态系统得以逐步恢复，提升生态系统服务功能，改善农牧民生产生活条件，提高基本公共服务能力，从根本上解决三江源区生态保护与区域经济可持续发展问题，使三江源区走出一条人与自然和谐的生态文明之路。

本章将详细阐述三江源区建立生态补偿长效机制的必要性，从指导思想、基本原则、总体目标、近中远期分阶段目标以及实施路线等方面提出了三江源区生态补偿的总体战略。

5.1 建立三江源区生态补偿长效机制的必要性

三江源区位于青藏高原腹地，是长江、黄河、澜沧江的发源地，生态战略地位极为重要，是重要的生态功能调节区、气候变化敏感区和生物多样性高度集中区。三江源区生态保护事关国家以及长江、黄河中下游经济社会发展和生态安全，受到党和国家以及社会各界的高度重视。从 2000 年前后开始，国家逐步通过中央财政对青海省三江源区给予多种形式的生态补偿。重点依托《青海三江源自然保护区生态保护和建设总体规划》的实施，青海省人民政府制定了《关于探索建立三江源生态补偿机制的若干意见》等 11 项生态补偿政策。

通过实施这些生态补偿措施，三江源区近 10 年来生态环境生态恢复初见成效，共治理退化草地 1364 km²，全区草地植被长势总体呈好转趋势，生态系统服务功能有一定的增强；采用"政府引导，牧民自愿"原则实施生态移民，截至 2010 年，共计建成移民社区 113 个，生态移民 14 686 户，合计 76 794 人；退牧减畜成效显著，载畜量降低了 300～500 万个羊单位，禁牧面积达 26 066.67 km²；农牧民生活总体有一定改善，农牧民纯收入年均增长 10% 以上；政府公共服务能力有所提高，23 个小城镇的基础设施得到改善，饮用水建设惠及 6 万余人，能源建设惠及 4 万余户。

由于三江源区生态保护与恢复工作具有艰巨性、综合性和长期性的特点，三江源区仍需要通过长期持续不懈的艰苦努力才可能实现生态系统根本性的改善和恢复。具体体现在以下三方面。

（1）三江源区生态保护恢复任务极为艰巨。三江源区生态系统极为敏感脆弱，一旦遭到破坏极难恢复。20 世纪 80 年代、90 年代、2000 年之后这 3 个时期三江源区草地退化面积分别为 25.57 万 km²、25.29 万 km²、23.25 万 km²，草地退化总面积呈逐渐减少趋势（吴志丰等，2014）。各退化等级草地面积也呈现相同趋势，如 20 世纪 80 年代轻度退化草地面积为 9.76 万 km²，90 年代下降至 9.59 万 km²，进入 2000 年后，轻度退化面积降低为 9.39 万 km²（吴志丰等，2014）。这说明近期三江源区草地退化趋势虽得到初步遏制，但草地退化仍量大面广，退化形势依然严峻，草地退化的恢复治理将是一项极为艰巨的任务。

（2）三江源区生态保护恢复任务是一项非常复杂的系统性工程。三江源区生态退化的根本原因在于"人-草-畜"的矛盾，人口快速增长导致畜牧超载现象普遍，进而造成草地退化严重（Li et al.，2015）。因此，三江源区生态保护与恢复必须从根本上减少牧业人口数量，从而降低畜牧存栏量，使草地得到休养生息。根据三江源区草地产草量、草地载畜量，通过遥感测算结果得出如果三江源区农牧民达到全国农牧民平均生活水平，三江源区最大可承载牧业人口为31.8万人（基本与草地退化前1953年的人口规模相吻合）（数据来自《青海省社会经济统计年鉴1985》），则需要转移该区牧业人口34.25万人，占牧业人口的52.69%（青海省2010年人口普查资料）。转移如此巨大数量的牧业人口是一项极为复杂的综合性工程，并且实现生态移民"移得出，稳得住"不仅需要国家提供住房和生活补助，还需要国家扶持发展后续产业，而三江源区藏族居民存在语言障碍，文化素质相对较低，区域经济欠发达，使后续产业发展困难，必须要综合考虑人口、畜牧、生态、教育发展、社会保障、公共服务等多个方面，仅单纯采用一种或几种措施难以从根本上解决三江源区的生态问题。

（3）三江源区生态保护与恢复工作的艰巨性、复杂性和综合性决定了生态补偿的长期性。三江源区生态保护绝对不可能一蹴而就，退化草地恢复治理和减牧压畜需要长期的努力。三江源区农牧民文化教育水平较低，语言交流相对困难，通过教育实现牧业人口转移至少需要一两代人的时间（Li et al.，2015）。由于地理位置及高寒条件等原因，牧业人口转移之后的后续产业培育也将有赖于区域及青海省整体的产业发展。

因此，三江源区生态保护恢复工作必将是一个长期努力的过程，国家需要建立生态补偿的长效机制，对三江源区生态保护恢复予以长期稳定的支持，通过持续不懈地开展生态恢复、减牧压畜、人口控制、教育发展、产业发展、能力建设、制度完善等措施，使退化生态系统得以逐步恢复，提升生态系统服务功能，改善农牧民生产生活条件，提高基本公共服务能力，从根本上解决三江源区生态保护与区域经济可持续发展问题，使三江源区走出一条人与自然和谐的生态文明之路。

5.2 三江源区生态补偿总体战略

5.2.1 指 导 思 想

以"三个代表"重要思想为指导，全面贯彻落实科学发展观，遵循可持续发展理念，坚持"以草定畜、以畜定人"的原则，以提升生态系统服务功能、改善农牧民生产生活条件、提高基本公共服务能力为总目标，建立三江源区生态补偿长效机制，将三江源区建设成为生态良好、经济发展、生活富裕、各民族团结进步、社会稳定的新牧区，引领三江源区未来绿色、循环、低碳、可持续发展。

5.2.2 基 本 原 则

5.2.2.1 区域统筹，合理布局

将三江源区列入青海省甚至全国区域发展的重点，从政策和资金等方面给予大力支持。通过对三江源区的长期补偿，逐渐缩小三江源区与其他地区的差距，统筹区域发展。依托城镇化、工业化、产业化统筹城乡经济社会发展，加大对牧区基本公共基础设施的投资，大力扶持牧区各类市场，培育牧区专业合作组织，促进农牧民劳动力向第二、第三产业转移，建立城乡一体的劳动力就业制度、教育制度、社会保障制度等，给农牧民平等的发展机会，构建农牧民与城镇相互联系、相互依赖、相互渗透、相互补充、相互促进的经济社会发展模式。

5.2.2.2 生态优先，产业转型

三江源区要把生态环境保护与建设、增强提供生态产品的能力作为首要任

务，按照"生产发展，生活富裕，生态良好"的要求调整优化空间布局，因地制宜地发展生态畜牧业、高原生态旅游业及民族手工业，在保护生态环境的前提下有序开发优势矿产资源，增强自我发展能力。

5.2.2.3 综合施措，和谐发展

三江源区的生态补偿不能仅靠单一的措施，必须综合实施多种措施，在退牧减畜的同时，大力推进牧区市场化、产业化、城镇化进程，做好移民安置工作，通过教育和技能培训，提高牧区居民文化素质，引导农牧民进行再择业和再就业，转变区域经济增长方式和农牧民的生产生活方式，最终将三江源区构建成"学有所教、劳有所得、病有所医、老有所养、住有所居"的和谐社会。

5.2.2.4 区别对待，奖励为主

在生态补偿实施过程中，应体现区别对待的原则，优先惠及生态移民户、退牧减畜户。在移民生活补贴、牧民生活补助、义务教育补助、创业资助、社会保障筹资补贴等方面实行奖惩措施，依据补偿对象对移民政策、减畜政策、计划生育政策、产业发展政策等执行情况确定补偿标准，起到对居民配合、响应生态保护和产业发展项目的激励作用。

5.2.2.5 分步实施，阶段考核

三江源区自然条件严酷，生态环境恢复慢，退化高寒草地经封育达到可恢复放牧的时间需 10 年以上，达到原生状态的时间则需要 30 年以上。因此，生态补偿在内容和方式上必须实施近期和长期相结合的措施，既要解决当前利益，更要着眼于长远目标。在近期要达到让牧区居民具备适应新环境和自谋出路的能力。同时要抓好其下一代子女的教育和培训工作，提高牧区居民文化素质，培养其基本适应现代产业发展的需求，这至少需要一代人成长的时间。因此，三江源区的生态补偿是一个长期的过程，生态补偿政策需分步实施，逐步

推进，制定阶段性目标和考核指标，定期评估成效，不断完善政策措施，资金投入分阶段落实，逐步实现"输血式"补偿转变为"造血式"补偿，来源单一化转变为多元化。

5.2.2.6　以人为本，改善民生

生态补偿的最终目标是转变区域经济增长方式和农牧民的生产生活方式，实现人与自然的和谐发展。因此，生态补偿机制的建立要在保护与发展并举中突出以人为本，改善民生。加强基础设施建设，加快发展社会事业，提高基本公共服务能力和社会保障水平；加大民生工作力度，切实改善农牧民生产生活条件，不断提高三江源区农牧民的生活水平，同时充分尊重以藏文化和草原文化为主的当地民族文化，坚持现代化与民族特色相结合，加强文化遗产保护，树立社会主义核心价值观，共创精神家园，促进和谐发展。

5.2.3　总　体　目　标

在科学发展观和青海"生态立省"战略的指导下，结合该区生态补偿的实际情况，争取到2020年建立三江源区生态补偿长效机制，生态移民搬迁结束，到2030年建立并完善三江源区生态补偿长效机制，将"输血式"补偿转变为"造血式"补偿，补偿资金来源单一化转变为多元化，法律法规健全，监管与保障体系完善，最终实现三江源区生态持续改善，生态系统服务功能逐渐恢复，城镇化进程提高，特色产业结构逐步形成，农牧民生产生活条件明显改善，公共服务能力明显增强，民族地区团结、社会和谐稳定的目标。

5.2.4　分阶段目标

三江源区生态补偿长效机制的分阶段具体目标如表5-1所示。

表 5-1　三江源区生态补偿长效机制评价指标及分阶段目标

补偿内容	指标	近期目标	中期目标
生态环境改善	植被覆盖度	提高 25 ~ 30 个百分点	提高 30 ~ 35 个百分点
农牧民生产生活改善	农牧民人均收入	青海省农牧民人均收入水平	全国农牧民人均收入水平
	城镇居民人均可支配收入	青海省城镇居民人均可支配收入平均水平	全国城镇居民人均可支配收入平均水平
公共服务能力提高	义务教育普及率	99.80%	100.00%
	劳动力人均受教育年限	6 年	9 年
	农牧区社会保险参保率	100.00%	100.00%
	基础设施	青海省平均水平	全国平均水平

近期目标（2012 ~ 2020 年）：通过 8 ~ 10 年的时间，建立完善的以国家投入为主的补偿制度，加大补偿力度，全面开展生态补偿，突出重点针对减畜工程、生态环境治理、移民工程、居民生活水平和基础服务能力改善、后续产业等开展补偿，使该区城乡居民收入接近或达到本省平均水平，基础服务能力接近全国平均水平，生态系统服务功能明显提升，实现草畜平衡，特色优势产业初步发展，移民工程结束，社会保障体系初步建立。

中期目标（2020 ~ 2030 年）：再用 10 年时间，逐步建立完善多元化补偿资金补偿机制，区域整体经济实力显著增强，生态补偿主要针对生态环境治理与维护、环境监测与监管、野生动植物保护、教育工程等开展补偿，实现城乡居民收入接近或达到全国平均水平，基础服务能力达到全国平均水平，生态系统良性循环，后续产业稳定发展，产业结构更趋合理，完善社会保障体系。

远期目标（2030 年以后）：建立完善多元化补偿资金补偿机制，主要针对生态环境的管护等开展补偿，实现城乡居民收入达到全国平均水平，基础服务能力达到全国平均水平，生态系统良性循环，特色产业稳定发展，完善社保制度。从根本上解决三江源区生态保护与区域经济可持续发展问题，实现生产生活绿色化、共同服务均等化、机构运行正常化、社会长治久安。

5.2.5 实施路线

在文献调研、现场考察与实地采样、访问交流、长时间序列地面生态监测、卫星遥感影像和社会经济统计等调研和数据积累的基础上，结合三江源区地理、生态、环境、民俗等特征，分析了三江源区生态系统状况变化和生态系统服务功能变化态势，探讨了三江源区面临的主要生态问题，剖析了三江源区生态问题发生的根本原因是"人–草–畜"关系失衡。依据以草定畜、以畜定人、人草畜平衡的原则，研究了三江源区"人–草–畜"平衡关系，依托遥感手段分析了草地资源及其退化趋势，估算了草地承载力、理论载畜量以及适宜牧业人口规模。以现有国内外生态补偿研究成果为理论支撑，系统梳理总结三江源区现有的生态补偿政策与措施，探讨了三江源区现有生态补偿制度的成效及存在的问题，从生态保护的实际需求角度设计了三江源区生态补偿战略，估算了三江源区生态补偿的资金规模，从法律法规建设、资金筹措机制、生态环境治理、生态移民安置、农牧民生产生活条件改善、社会保障体系、后续产业的发展、人口控制、文化素质提升、生态补偿绩效监管等方面提出了更为完善的三江源区生态补偿长效机制与政策措施建议，建立一套科学的适合三江源区的生态补偿长效机制，保证三江源区生态保护与经济协调发展，为我国生态补偿提供科学依据，并促使三江源区生态补偿工作深入扎实推进，维护民族地区稳定，促进区域可持续发展。

三江源区生态补偿长效机制实施路线如图5-1所示。

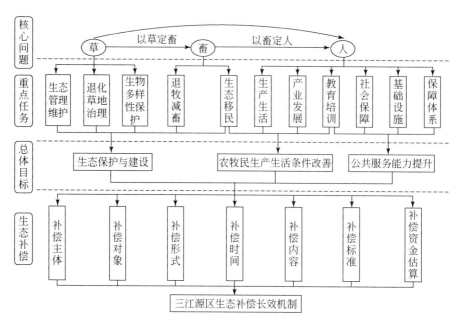

图 5-1 三江源区生态补偿长效机制实施路线

6

三江源区生态补偿资金估算

生态补偿是以保护生态环境、促进人与自然和谐发展为目的，根据生态保护成本、生态系统服务价值、发展机会成本，综合运用行政和市场手段，调整生态环境保护和建设相关者之间利益关系的环境经济政策（万军等，2005；Engel et al.，2008；李文华和刘某承，2010；黄炜，2013；Li et al.，2015）。生态补偿一词最早出现在 20 世纪 20 年代，被称为"环境服务付费"或"生态系统服务付费"（Zbinden and Lee，2005；Pagiola，2008）。尽管对生态补偿的研究已有近百年，但生态补偿标准的确定至今仍然是生态补偿机制的关键问题和难点，缺乏统一、权威的指标体系和测算方法，各利益相关者根据不同的原则与方法确定的补偿标准往往存在多个数量级的差异（谭秋成，2009；史晓燕等，2012；Yang et al.，2014）。国内外学者已在森林（Farrow，1998；Macmillan et al.，1998；Bienabe and Heame，2006）、农田（Dobbs and Pretty，2008；Gauvin et al.，2010）、流域（Immerzeel et al.，2008；段靖等，2010；Wang，2010；禹雪中和冯时，2011；Lei et al.，2012）、自然保护区（Wunscher et al.，2008）等采用成本收益法（Farrow，1998；Macmillan et al.，1998；Johst et al.，2002）、支付意愿法（Bienabe and Heame，2006）、机会成本法（段靖等，2010）、市场价值法、影子价格法、旅行费用法等确定和量化生态补偿标准（Costanza et al.，2014）。

　　三江源区是长江、黄河、澜沧江的发源地，是我国唯一的国家级生态保护综合试验区，其特殊的生态战略地位影响全国甚至全球范围。目前该区的草地退化仍量大面广、人口增长快速、畜牧超载现象严重，"人–草–畜"矛盾突出。国家、当地政府和居民为保护与恢复生态环境付出了巨大努力，国家各个部门均从各自领域以不同的方式支持三江源区生态保护恢复，如国家重点生态功能区转移支付、草原生态保护奖励补助等政策，但这些补偿费用的标准与三江源区的实际情况相比明显偏低，与三江源区的空间范围和生态问题的艰巨性相比远远不足以系统性地解决三江源区的生态保护与恢复问题。通过建立行之有效的生态补偿机制对三江源区的生态保护进行补偿，缓解人口、资源和环境矛盾，从而实现生态环境保护与区域社会经济可持续发展的双赢。三江源区生态补偿是集生态环境、社会、经济于一体的一项复杂的系统政策。理论生态补偿标准应介于生态保护成本、发展机会成本、生态系统服务价值之间（Costanza et al.，1997；Chee，2004；李文华和刘某承，2010；赖敏，2013；李屹峰等，2013；高辉和姚顺波，2014）。但由于生态服务类型的复杂性及其价值较大、机会成本核算存在较大争议等（Chee，2004；孙发平和曾贤刚，2008；李晓光等，2009；Wendland et al.，2010；高辉和姚顺波，2014），基于生态服务价值确定的补偿标准一般作为生态补偿的上限。

　　本章在生态补偿相关理论、三江源区生态补偿相关政策分析、人–草–畜平衡估算以及实地调研的基础上，量化生态保护与恢复成本作为三江源区生态补偿的理论最低标准，为区域生态补偿的实施提供科学依据，这对保障中下游地区、青藏高原乃至全国生态安全具有重要的意义。

6.1　补偿资金估算方法

6.1.1　补偿资金估算思路

　　生态保护成本是指为保护、维持或恢复生态环境而投入的直接成本或付出的经济代价，是实际发生的支出和费用（谭秋成，2009；史晓燕等，2012）。基于生态保护成本的三江源区生态补偿应遵循"以草定畜、以畜定人、人草畜平衡"的原则，补偿范围应包括推进生态保护与建设、改善农牧民生产生活条件、提高基本公共服务能力三个方面，具体包括生态治理与维护、禁牧补偿、草畜平衡奖励、移民和牧民生产生活改善、基础设施、社会事业等的支出。围绕这些内容确定具体的补偿项目指标。依据国家和青海省相关生态保护与建设标准、生态补偿政策，结合实地调研信息和财务数据确定各具体指标的标准、保护与治理的面积以及涉及的人数和户数等。采用费用分析法估算生态环境保护的直接投入成本，将其作为生态补偿的资金额度。这些费用是确定三江源区生态补偿资金的重要依据之一，能够较真实、客观地反映出三江源区投入的直接成本情况。

由于地理位置特殊、气候环境恶劣、退化草地恢复治理和禁牧减畜需要长期的努力、通过教育实现牧业人口转移至少需要一两代人的时间，以及后续产业培育的综合复杂性，三江源区生态保护与恢复工作具有艰巨性、综合性和长期性，三江源区生态补偿将是一个长期努力的过程，至少还需要 10～20 年才能使退化生态系统初步恢复并达到良性循环。因此，本书以 2010 年为基准年，争取到 2030 年建立并完善三江源区生态补偿长效机制，估算 2010～2030 年所需的生态补偿资金。三江源区生态补偿资金估算总体思路如图 6-1 所示。

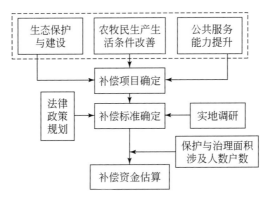

图 6-1　三江源区生态补偿资金估算思路

6.1.2 补偿资金估算方法

数据来源于第一手的实地调研、青海省统计年鉴、青海省第六次人口普查资料、国家和青海省的相关政策性文件。其中实地调研数据是课题组成员于2011年10月至2014年9月多次在研究区分别从省－县－牧民/移民3个层次，采用参与式农村评估（PRA）的半结构访谈、专家咨询法等形式在泽库、同德、玛沁、玛多、甘德、称多、杂多、玉树、治多、曲麻莱、格尔木市11个县市开展调查工作，调查内容主要包括草地退化、生态治理、草原建设、生态移民搬迁与安置、农牧民生产生活、退牧减畜、生态补偿、草畜平衡、教育、技能培训、基础设施建设、医疗、养老等方面。

三江源区生态保护投入的直接成本可通过市场直接定价确定，核算方法比较明确。目前主要有静态核算和动态核算两种方法（史晓燕等，2012；刘菊等，2015）。静态核算是将某一年的生态保护各种投入作为直接成本，或将某一时段内生态保护的各种投入直接累计作为直接成本总额，再平均分配到补偿期的各年度（史晓燕等，2012）。动态核算是设定核算基准年，考虑生态保护的各项投入从核算初始年到基准年之间的时间效应（史晓燕等，2012；刘菊等，2015）。本书以2010年为基准年，采用动态核算方法。

基于生态保护成本的三江源区生态补偿资金计算公式如下：

$$\mathrm{EPR} = \sum_{i=1}^{T} \left\{ \sum_{x=1}^{m} \left[\left(\frac{C_x}{(1+r)^i} \right) \times A_x \right] + \sum_{y=1}^{n} \left[\left(\frac{C_y}{(1+r)^i} \right) \times A_y \right] \right.$$
$$\left. + \sum_{z=1}^{q} \left[\left(\frac{C_z}{(1+r)^i} \right) \times A_z \right] \right\} \tag{6-1}$$

式中，EPR为生态补偿资金（元）；r为社会贴现率，表征物价通货膨胀、资金的时间效应等因素的变化，取值为8%；i为未来投入费用的时间（取值为1，2，…，20）（a）；T为连续投入费用的累积时间（a）；m、n、q分别为推进生态保护与建设、改善农牧民生产生活条件、提高基本公共服务能力这三方面中各指标的数量，取值分别为16、10、19；x、y、z分别为上述三方面中的某一具体指标（表6-1～表6-3）；C 为某一具体指标的标准（表6-1～表6-3）；A 为某一具体指标所涉及的面积、人数或户数（表6-1～表6-3）。

表6-1　三江源区生态保护与建设补偿资金标准

	补偿项目	校正后的补偿标准	补偿涉及面积/人数	补偿标准来源
生态治理	黑土滩综合治理/（元·hm²）	1500	542万hm²	《青海三江源自然保护区生态保护和建设总体规划》
	鼠害防治/（元·hm²）	75	1574万hm²	
	水土保持/（元·hm²）	3000	/	
	人工造林/（元·hm²）	4500	21万hm²	《长江上游、黄河上中游地区天然林资源保护工程二期实施方案》
	封山育林/（元·hm²）	1050	36万hm²	
	中幼林抚育/（元·hm²）	1800	6万hm²	
	沙漠化土地防治/（元·hm²）	4500	356万hm²	实地调研
生态维护	重点湿地保护/（元·hm²）	1050	220万hm²	《青海三江源自然保护区生态保护和建设总体规划》《青海湖流域生态环境保护与综合治理工程生态监测体系建设项目》
	生态监测/（万元·a）	500	—	
	保护区管理维护费用/（万元·a）	200	—	《国家级自然保护区规范化建设和管理导则》《广东建设自然保护区示范省实施方案》
	生物多样性保护/（万元·a）	500	—	实地调研
	科研课题及应用推广/（万元·a）	500	—	
	生态管护公益性岗位/（元·人）	4600	5.5万人	青人社厅［2010］110号
	国有林管护/［（元/hm²·a）］	75	198万hm²	《天然林保护工程财政专项资金管理规定》
禁牧补偿/［（元/hm²·a）］		90	2243万hm²	《草原生态保护补助奖励机制政策》
草畜平衡/［（元/hm²·a）］		22	1387万hm²	

注："/"表示无法提供数据；"—"表示此处可省略

表 6-2 三江源区农牧民基本生产生活改善补偿资金标准

补偿项目		校正后的补偿标准	补偿涉及人数/户数	补偿标准来源
移民	移民基础设施建设/(万元·户)	10	6.4 万户	实地调研
	移民搬迁补助/(元·人)	400	32.0 万人	《青海三江源自然保护区生态保护和建设总体规划》
	移民燃料补助/[元/(户·a)]	2000/3000	7.7 万人/24.3 万人	《青海省生态移民燃料补助费发放管理办法》、实地调研
	移民生活困难补助/[元/(人·a)]	3000	16.0 万人	《青海三江源自然保护区生态移民困难群众发放生活困难补助管理办法》、实地调研
	移民饲料补助/[元/(户·a)]	3000~8000	6.4 万户	《青海省天然草原退牧还草示范工程实施方案》《青海省牧民聚居半舍饲建设试点项目实施方案》
牧民	牧民生产资料综合补贴/(元·户)	500	6.6 万户	《草原生态保护补助奖励机制政策》
	建设舍饲棚圈/(元·户)	3000	6.6 万户	《关于进一步完善退牧还草政策措施若干意见的通知》
	围栏建设/(元·hm²)	300	/	
	补播草种费/(元·hm²)	300	1032.0 万 hm²	
	草畜平衡奖励/(元·人)	5000	33.0 万人	《草原生态保护补助奖励机制政策》、实地调研

注："/"表示无法提供数据;"—"表示此处可省略

表 6-3 三江源区基本公共服务能力提高补偿资金标准

基本公共服务项目	补偿项目	校正后的补偿标准	补偿涉及人数/户数	补偿标准来源
基础设施	能源建设/(元·户)	5000	13 万户	《青海三江源自然保护区生态保护和建设总体规划》
	人畜饮水/(元·人)	1200	65 万人	
	小城镇建设/(万元·个)	1385	69 个	
	乡村公路/(万元·km)	40	2 万 km	实地调研
	文化娱乐设施/(亿元·a)	1	—	
社会事业	生态补偿政府执行资金/[万元/(县·a)]	50	16 县 1 乡	实地调研
	"1+9+3" 义务教育/(生·a)	学前教育 3700 元	学前幼儿数 8421 人	《三江源地区 "1+9+3" 教育经费保障补偿机制实施办法》
		小学生 2300 元	小学生 99986 人	
		初中生 2700 元	中学生 36965 人	
		中职生 4200 元	中职生 4314 人	
	教育配套设施/(生·a)	2200 元	136951	《中华人民共和国义务教育法》、《河北省特困地区农村义务教育阶段补助政策》
	学校危房维修/m²	2000 元	18.99 万	
	师资培训/人	10000 元	7635	
	提高教师补助/人	3000 元	6646	
	异地办学奖补/(人·a)	初中生 5000 元	初中生 2000 人	《三江源地区异地办学奖补机制实施办法》
		高中生 6000 元	高中生 1000 人	
		中职生 7000 元	中职生 1000 人	
		本专科生 10000 元	本专科生 681 人	
	农牧民职业技能培训/(人次)	2500 元	150009	《关于三江源地区教育及农牧民技能培训和转移就业补偿机制三个实施办法的通知》
	农牧民转移就业/(人)	850 元	1500	
	农牧民自主创业/(人·次)	5300 元	8000	
	移民创业扶持项目总投入/(万元·a)	1600	—	实地调研
	新型农牧区合作医疗/[(元/人·a)]	280	67 万人	《青海省农村牧区新型合作医疗管理办法（试行)》

基本公共服务项目	补偿项目	校正后的补偿标准	补偿涉及人数/户数	补偿标准来源
社会事业	新型农牧区社会养老保险/ [（元/人·a）]	400	42 万人	《国务院关于开展新型农村社会养老保险试点的指导意见》
	农牧区最低生活保障/ [（元/人·a）]	2000	11 万人	由实际 125 元/月提高到全国平均水平 164 元/月，约 2000 元/a

注："/" 表示无法提供数据；"—" 表示此处可省略

6.2 补偿标准确定

6.2.1 标准确定原则

以国家相关生态补偿标准、《青海三江源自然保护区生态保护和建设总体规划》等规划方案、青海省各项生态补偿政策、调研信息及相关同类补偿标准的顺序确定优先依据次序，确定三江源生态补偿各相关指标的标准。三江源区生态保护与建设补偿、农牧民基本生产生活改善补偿、基本公共服务能力提高补偿的详细指标、标准、核算范围分别见表 6-1～表 6-3，共设定补偿指标 45项，其中，依据国家标准制定 10 项、依据《青海三江源自然保护区生态保护和建设总体规划》制定 9 项、依据青海政策 8 项、依据实地调研和同类标准对原有标准调整或添加 18 项。针对补偿资金标准表中调整或添加的部分指标标准，在 6.2.2 节中进行了指标标准校正的详细分析与阐释。

6.2.2 标准解释

对于分级形式的标准以及调整或添加补偿标准，具体标准解释如下。

1）沙漠化土地防治标准

《青海三江源自然保护区生态保护和建设总体规划》中该项补偿标准为 1050 元/hm²，而通过对青海省林业厅和调研县市林业局的访谈中了解到该补偿标准偏低，难以实现治理目标。参照内蒙古自治区林业科学研究院的测算（张云龙和田素雷，2010），目前沙地造林约需 4500～7500 元/hm²；经作者咨询青海省环境科学研究设计院得知，草方格造价为 0.8 元/m，同时结合对调研县市林业局的访谈调研信息，最终确定沙漠化土地防治标准为 4500 元/hm²。

2）生态监测标准

依据《青海三江源自然保护区生态保护和建设总体规划》和《青海湖流域生态环境保护与综合治理工程生态监测体系建设项目总体实施方案》的监测标准，确定三江源生态监测标准为每年投入 500 万元。

3）生物多样性保护标准

《青海三江源自然保护区生态保护和建设总体规划》中不涉及生物多样性保护资金，然而鉴于三江源区是高寒生物自然种质资源库，根据对青海省三江源生态保护和建设办公室、青海省林业厅、青海省环境保护厅、青海省农牧厅、中国科学院西北高原生物研究所等的座谈调研和专家咨询信息，确定三江源区生物多样性保护标准为 500 万/a。

4）保护区管理维护费用

依据《国家级自然保护区规范化建设和管理导则》（试行），有关日常巡护、执法检查、宣传、监测等需要资金支持，同时参照《林业国家级自然保护区补助资金审核制度》《广东建设自然保护区示范省实施方案》等同类自然保护区运行费用标准，设定三江源自然保护区管理维护费用每年 200 万元/a。

5）移民基础设施建设补偿

依据《青海三江源自然保护区生态保护和建设总体规划》中该项补偿标准为面积为 60m² 的房屋补偿资金约为 3 万元/户。随着建材成本的增加，并结合对泽库县麦秀移民村和恰科日移民社区、同德县北巴滩移民社区和赛塘移民社区、玛多县河源新村、玛沁县果洛新村和西部新村、玉树市加吉娘移民社区和东尼格社区、曲麻莱县长江路社区和昆仑民族文化村、格尔木市长江源村等移民户的调研，最终将补偿标准确定为同样规格房屋补偿资金 10 万元/户，其中 8 万元用于房屋建设，2 万元用于配套基础设施建设。

6）移民燃料补助标准

《青海省生态移民燃料补助费发放管理办法》中规定，玉树州、果洛州和格尔木市唐古拉山乡的移民燃料补助为 2000 元/（户·a），海南州、黄南州和果洛州玛多县搬迁至同德牧场的移民燃料补助为 800 元/（户·a）。由于主要燃料（牛粪）价格不断上涨，并结合三江源区 12 个移民村的入户调研结果，玉树州、果洛州和格尔木市唐古拉山乡移民每户每年需 3000 元取暖费用，海南州、黄南州移民每户每年需 2000 元取暖费用。由此确定三江源区各州县移民燃料补助标准。

7）移民生活困难补助

依据《青海三江源自然保护区生态移民困难群众发放生活困难补助管理办法》，对生态移民家庭中，人均饲料粮补助额达不到上年全省农牧民人均纯收入水平的 55 周岁以上、16 周岁以下（除超生子女）的成员按不足部分发给生活困难补助。根据对泽库县三江源生态保护和建设办公室及麦秀移民村和恰科日移民社区的调研，泽库县该项补助标准约 1600 元/（人·a），由于移民家庭消费中食品（主要指肉、酥油、奶等）费用（约 2 万元/a）所占比例（约占 60%）最高，而原有这部分花销为自产，故应在上述青海政策补助标准基础上提高 55 周岁以上、16 周岁以下（除超生子女）成员的补偿标准，保证移民最基本的温饱需求，以此设定补助为 3000 元/（人·a）。

8）移民饲料补助标准

该项补偿标准依据《青海省天然草原退牧还草示范工程实施方案》《青海省牧民聚居半舍饲建设试点项目实施方案》分为 3 个级别，分别为交回草地承包权的移民补助 8000 元/a/户，不交回草地承包权的移民补助 6000 元/a/户，没有草地承包权的移民补助 3000 元/a/户，详见表 6-4。

表 6-4　三江源区退牧减畜移民饲料补助标准

补偿对象	饲料补助费/(元/a·户)	保障措施
交回草地承包权移民	8000	解决城镇户籍，享受城镇低保
不交回草地承包权移民	6000	可在承包草场上适度采集草药，10a 后，愿成为城镇居民者享受城镇低保；愿回草场从事畜牧业者，继续享有草场使用权
没有草地承包权移民	3000	—

9）生态移民创业扶持项目总投入

依据《青海三江源自然保护区生态移民创业扶持资金管理办法》和实施结果，现有移民约 7.5 万人，原有支持资金总数为 3000 万元，平均每个移民获得扶持资金为 400 元，按生态移民 32 万人将继续开展扶持，则最少投入总资金为 1.3 亿元，根据分析建议每年资金投入为 1600 万元。

10）牧民草畜平衡奖励

根据对青海省三江源生态保护和建设办公室和青海省农牧厅的调研以及其他收集资料得知，国家给予牧民补贴主要针对生产建设补贴，《中央财政农业资源及生态保护补助资金管理办法》的草畜平衡补贴为 22 元/(hm² · a)，三江源区可利用草地面积约为 65%，假设全区 65 万牧民全部实现草畜平衡，则每人每年获得补助资金约为 800 元，按羊单位市价折合仅为 0.8 只羊单位，平均每个牧户家庭人口数为 5 人，每户约合 4 只羊单位补偿资金，按照现有超载数量平均每户超载约合 30 只羊单位，难以满足减畜对牧户家庭经济上的影响。为保证和促进牧民草畜平衡的积极性，使得处于过渡阶段的生态畜牧业建设顺利发展，牧民生活质量可能会因草畜平衡有所下降，据此建议建立草畜平衡奖励，对于草畜平衡家庭给予每人每年 5000 元奖励。

11）教育配套设施

通过对青海省教育厅、青海省三江源生态保护和建设办公室、调研县市教育局及其部分学校的访谈调研中了解到三江源区的教育配套设施极为薄弱，该补偿刚开始起步，补偿标准较低。采纳同类项目的标准：取暖费 200 元/人，课桌凳及学生用床费 300 元/人，音体美器材费 100 元/人，试验试剂费 100 元/人，"三室"建设费 500 元/人，中小学远程教育设施费 1000 元/人，合计约 2200 元/人。

12）学校危房维修

根据财政部和教育部印发的《农村中小学校舍维修改造专项资金管理暂行办法》，学校危房维修标准平均按 400 元/m² 计算，校舍维修改造资金重点用于 D 级危房。由于受自然、交通等条件制约，青海省维修改造 D 级危房平均造价达 1000 元/m²。根据调研和同类标准分析中将中小学校舍新、扩建校舍造价定为 3000 元/m²。同类项目《三江源国家生态保护综合实验区生态补偿方案研究》将危房维修改造标准定为 1800 元/m²。根据对青海省教育厅、青海省三江源生态保护和建设办公室、调研县市教育局及其部分学校的调研，由于物价上涨，目前的造价远不能满足实际需要，因此将三江源区中小学危房维修改造价定为 2000 元/m²。

13）异地办学奖补

2011 年青海省政府关于《三江源区异地办学奖补机制实施办法》中规定，补助标准为初中生 4500 元/（人·a）、高中生 5500 元/（人·a）、中职生 6500 元/（人·a）、专科生 6000 元/（人·a）、本科生 1 万元/（人·a）。在此基础上，作者参照内地对西藏学校学生的奖补标准，额外再增加 500 元/（人·a）的交通补贴，因此将异地办学奖补标准定为初中生 5000 元/（人·a）、高中生 6000 元/（人·a）、中职生 7000 元/（人·a）、本专科生 1 万元/（人·a）。

14）农牧民职业技能培训

同类项目《三江源国家生态保护综合实验区生态补偿方案研究》中将农牧民职业技能培训标准定为 2500 元/人。青海省政府关于《三江源区农牧民技能培训和转移就业补偿机制实施办法》中，按实际培训时间计算，补助 20 元/（人·d），交通、住宿费补贴为州外省内 300 元/a，省外培训 800 元/a。根据一般培训 3 个月左右，按 100 天计算，总补助为 2000 元/人，另外一次性交通和

住宿费取中值 500 元/人，合计 2500 元/人，与同类项目标准一致。故采用 2500
元/人。

15）农牧民转移就业

青海省政府关于《三江源区农牧民技能培训和转移就业补偿机制实施办
法》中，对职介机构按实际转移就业人数省内每人 300 元，省外 400 元；劳务
经纪人，按实际转移就业人数每人 200 元；对外出务工的农牧民，每人每年给
予一次性交通补贴，省外 600 元，省内 200 元。本书依据青海省的相关标准，
将职介机构补贴取中间值 350 元，劳务经纪人 200 元，交通补贴取值 300 元，
共计补贴 850 元/人。

16）农牧民自主创业

青海省政府关于《三江源区农牧民技能培训和转移就业补偿机制实施办
法》中，给予农牧民 5000 元的一次性开业补助，同时给予一次性交通费补贴，
省外创业人员补贴 600 元/人，省内创业补贴 200 元/人。在此基础上，作者将
省外和省内创业人员的交通费取值为 300 元/人，则自主创业补贴共计
5300 元/人。

17）移民创业扶持项目总投入标准

依据《青海三江源自然保护区生态移民创业扶持资金管理办法》及其实施
效果，现有移民约 7.5 万人，原有扶持总资金为 3000 万元，平均扶持资金为
400 元/人，按 32.0 万生态移民将继续开展扶持，则最少投入总资金为 1.3 亿
元，根据分析建议资金投入为 1600 万元/a。

18）新型农牧区社会养老保险标准

青海省新型农牧区社会养老保险人均筹资标准为 100～500 元等不同档次，
其中财政补贴 30～50 元，低于全国平均水平。到 2030 年三江源区生态补偿长
效机制建立并完善时，争取筹资标准达到 500 元/人，其中对生态移民实行全部
补贴，其他农牧民财政补贴比例达到全国平均水平（约 60%），则财政补贴取
中值约为 400 元/（人·a）。

19）新型农牧区合作医疗标准

青海省新型农牧区合作医疗现行人均筹资标准为 300 元（其中财政补贴 260 元、个人筹资 40 元），高于全国平均水平。至 2030 年三江源区生态补偿长效机制建立并完善的过程中，在维持现有财政补贴标准前提下，对生态移民实行全部补贴。结合移民数量进行估算，新型农牧区合作医疗人均财政补贴约为 280 元/a。

20）低保补助标准

由现有的 125 元/月提高至全国平均水平 164 元/月，即约 2000 元/a。

6.3 补偿资金估算结果

6.3.1 生态补偿总资金估算

2010～2030 年不同阶段三江源区直接投入生态环境保护的成本核算结果见表 6-5、表 6-6。由此结果可得知三江源区 2010～2030 年基于生态保护成本总投入的补偿总资金为 4095.4 亿元，其中，2010 年为 177.7 亿元，2010～2020 年投入约 2069.3 亿元，2021～2030 年投入约 2026.1 亿元。2021～2030 年资金投入减少主要在于对基本公共服务能力和居民生产生活改善投入减少。

表 6-5　三江源区生态补偿各项目及分阶段资金估算表

（单位：亿元）

补偿内容	补偿项目	2010 年补偿金额	至 2020 年补偿金额	2020～2030 年补偿金额
生态保护与建设	生态治理	34.0	390.6	531.9
	生态维护	7.1	81.6	111.1
	禁牧补偿	20.0	229.8	312.9
	草畜平衡	3.0	23.8	46.9
	小计	64.1	725.8	1002.8

续表

补偿内容	补偿项目	2010 年补偿金额	至 2020 年补偿金额	2020～2030 年补偿金额
居民生产生活改善	生态移民安置	8.0	91.9	0.0
	移民生产生活补偿	15.0	172.3	95.0
	牧民生产生活补偿	50.0	574.4	316.8
	小计	73.0	838.6	411.8
基本公共服务能力	基础设施	13.0	149.3	0.0
	公共事业	12.3	141.3	448.3
	产业扶持	12.0	137.9	0.0
	社会保障	3.3	76.6	163.1
	小计	40.6	505.1	611.4
合 计		177.7	2 069.5	2 026

表 6-6　三江源区各州县生态补偿资金估算表　（单位：亿元）

地区	生态保护与建设		居民生产生活改善		基本公共服务能力		合计
	至 2020 年	2020～2030 年	至 2020 年	2020～2030 年	至 2020 年	2020～2030 年	
兴海县	30.6	11.4	78.9	38.9	48.0	57.5	265.2
同德县	10.2	14.6	61.7	30.1	37.8	46.0	200.4
泽库县	11.6	17.9	77.4	37.7	46.6	55.8	247.0
河南县	5.8	9.7	37.3	17.6	21.8	26.3	118.5
甘德县	11.6	16.2	34.4	16.3	20.4	24.6	123.6
久治县	14.5	21.1	24.4	12.6	14.6	18.1	105.2
班玛县	14.5	19.5	27.2	13.8	16.0	19.7	110.8
达日县	36.4	51.9	30.1	15.1	17.5	21.4	172.3
玛沁县	24.7	34.1	37.3	18.8	23.3	27.9	166.2
玛多县	46.6	66.5	14.3	7.5	8.7	9.9	153.6
曲麻莱县	103.3	147.7	33.0	16.3	20.4	24.6	345.3
称多县	32.0	45.4	67.4	32.7	40.7	49.3	267.5
治多县	132.4	188.3	34.4	16.3	20.4	24.6	416.4
玉树市	32.0	45.4	103.3	50.2	62.6	75.6	369.1
杂多县	107.7	154.2	63.1	31.4	37.8	46.0	440.2
囊谦县	30.6	43.8	103.3	50.2	61.1	75.6	364.6
唐古拉山乡	81.5	115.2	10.0	6.3	7.3	8.2	228.5
合计	726.0	1 002.9	837.5	411.8	505.0	611.1	4 094.4

6.3.2　分类别生态补偿资金估算

2010～2030 年三江源区生态保护与建设、居民生产生活改善、基本公共服务能力这三大类投入的补偿资金情况：①生态保护与建设资金投入。2010～2030 年总投入为 1728.6 亿元，其中，2010 年为 64.1 亿元，2010～2020 年为 725.7 亿元，2021～2030 年为 1002.9 亿元。②居民生产生活改善投入。2010～2030 年总投入为 1250.4 亿元，其中，2010 年为 73.0 亿元，2010～2020 年为 838.6 亿元，2021～2030 年为 411.8 亿元，随着该区域整体经济实力的不断增强，将会逐渐减少该部分投入。③基本公共服务能力投入。2010～2030 年总投入为 1116.5 亿元，其中，2010 年为 40.6 亿元，2010～2020 年为 505.1 亿元，2021～2030 年为 611.4 亿元。2021～2030 年资金投入在技术设施、文化事业、产业扶持等方面有所减少。具体补偿项目和补偿资金估算详见表 6-5。

6.3.3　分区域生态补偿资金估算

根据人口分布差别和生态退化面积等差异，分区域估算资金投入情况。生态保护与建设资金投入主要集中在西南部环境退化较为严重地区，其中，2010～2030 年投入杂多县、治多县、曲麻莱县和唐古拉山乡等总资金为 1030 亿元，占全区总投入的 59.6%。居民生产生活改善和基本公共服务能力的资金优先投入到人口相对集中的区域，即三江源区的东部和南部两个区域的 5 个县。其中，2010～2030 年投入到东部泽库县、兴海县和南部的玉树市、囊谦县、称多县总资金为 1213 亿元，占全区总投入的 51.3%。具体各州县分项补偿资金投入情况详见表 6-6。

6.4 补偿标准合理性分析

6.4.1 三江源区生态环境保护与建设

近 10 年来三江源区土地投入生态环境保护与建设的资金约为 12 元/（hm² · a），草地退化趋势得到初步遏制，严重退化区生态恢复明显，自然保护区与重点工程区的好转趋势明显好于面上（邵全琴和樊江文，2012；秦大河，2014）。将三江源区生态环境保护与建设的土地投入提高到 180 元/（hm² · a），可实现全部退化草地治理，并结合退牧减畜工程和草畜平衡工程开展，生物多样性及 60% 的湿地面积得到保护，全面开展生态监测、生态巡护，大力支持相关科研项目及技术推广（刘菊等，2015），更好地实现三江源区生态环境保护与建设。

6.4.2 三江源区农牧民生产生活水平改善

三江源区近 10 年实施的生态补偿在农牧民生产生活改善上投入约 4500 元/人，2010 年三江源区农牧民人均收入 3100 元较 2004 年的 1807 元有所增加，但依然低于青海省同期 3863 元的平均水平。建立长效的生态补偿机制，将保证在未来至少 20 年内，对三江源区农牧民生产生活改善投入约 8000 元/人，其中，移民约 6200 元/人，牧民约 1 万元/人，实现三江源区农牧民生活水平在 2020 年接近或达到青海省农牧民平均生活水平，2030 年接近或达到全国农牧民平均生活水平，促使以生态畜牧业、生态旅游业、民族手工业为主的产业发展方向（秦大河，2014；Li et al.，2015）。

6.5 讨论与结论

6.5.1 讨　　论

1）补偿资金估算方法

本章采用动态核算方法估算补偿资金，估算结果以 2010 年为基准年，考虑了物价通货膨胀的变化以及从投入期到补偿期之间的时间效应，但未考虑人口增长因素的影响，这在后续研究中将会进一步完善。

在三江源区分区域的补偿资金估算中，以县为基本单元，暂未考虑各乡（镇）的空间异质性和生态恢复过程的动态变化（刘菊等，2015），这可能会影响生态资金的利用效率的提高。因此，在草地生态系统恢复的过程中应建立动态的监测体系，对草地生态系统的恢复状况进行监测，根据草地状态的改变和市场状况的变化适时调整草地利用方案和补偿标准，建立动态的、差异化的生态补偿政策能够对补偿资金进行高效利用，同时应考虑当地农牧户的响应机制，提高农牧户参与生态恢复工程的积极性。

2）与相关研究结果的比较

目前对三江源区生态补偿标准的研究主要有生态系统服务价值核算（孙发平和曾贤刚，2008；赖敏，2013）和基于机会成本法的生态移民补偿（李屹峰等，2013）两方面。高辉等（2014）定性提出了基于生态服务提供者均衡的三江源区生态补偿标准的方法，包括私人生产的直接成本和机会成本以及受益的社会消费者费用支付三部分，但并未进行实际核算。孙发平等（2008）研究得出 2007 年三江源区生态系统服务功能总价值为 11.55 万亿元。赖敏（2013）计算得出 2010 年三江源区生态补偿的上限为 1559 亿元，下限为 1262 亿元。本书计算的 2010 年生态补偿标准下限不仅低于赖敏（2013）研究的下限，更远低于赖敏（2013）和孙发平等（2008）研究的上限，其原因主要是由于研究角度不同，核算的内容和方法也不同。赖敏（2013）将生态系统服务价值增益和机会成本之和作为生态补偿的上限，将生态系统保护与恢复的直接投入（即黑土滩治理、水土保持、退耕还林草和林草管护等生态治理成本）和机会成本之和作为生态补偿的下限。孙发平等（2008）将水资源、矿产资源、动植物资源的直接使用价值和水源涵养、土壤保持、气候调节、固碳释氧、旅游、科研文化等的间接使用价值以及存在价值、遗产价值、选择价值等之和作为生态补偿标准的上限。已有的研究均是基于生态服务的理论供给进行测算，而本书从"人–草–畜"三配套建设角度，基于实际的生态保护与恢复的需求方面进行测算，不仅测算了生态治理与维护成本，也将农牧民生产生活和基础公共服务成本进行了估算。说明基于实际需求的生态保护成本的生态补偿标准更能真实、客观地反映出生态保护的实际费用，更容易被生态保护的利益相关者所接受。

6.5.2 结　　论

（1）从生态保护与建设、农牧民生产生活条件改善、基本公共服务能力提高等实际需求角度量化基于生态保护成本的生态补偿标准，得出三江源区16县（市）1乡2010～2030年生态补偿标准下限为4095.4亿元，其中2010年补偿资金为177.7亿元，2010～2020年补偿资金为2069.3亿元，2021～2030年补偿资金为2026.1亿元。

（2）三江源区20年间生态补偿资金的分阶段落实，逐步实现由输血式补偿转变为造血式补偿是2021～2030年补偿资金减少的直接原因，2021～2030年补偿资金较2010～2020年减少43.2亿元，减少的资金主要在于基本公共服务能力和居民生产生活改善投入方面。

（3）生态补偿资金在不同区域、不同类别投入额度的差异是基于草地退化严重程度、人口分布相对集中区域的考虑，这有助于缓解三江源区"人–草–畜"这一核心矛盾。总体上，2010～2030年三江源区土地生态保护投入由12元/（hm² · a）增至180元/（hm² · a），农牧民生产生活改善的投入由

4500 元/人提高到 8000 元/人，这在一定程度上将保障生态保护工作的顺利实施。

（4）采用动态核算的方法估算不同阶段的生态补偿资金，考虑了未来 20 年的物价通货膨胀、时间效应等因素，但暂未考虑未来人口增长因素的影响。因此，更为全面、准确地量化生态补偿标准的理论与计算方法有待进一步深入探讨与完善。

7

三江源区生态补偿长效机制重点任务

鉴于三江源区特殊的生态地位，不能简单依靠国家阶段性和暂时性的补偿政策，需要建立系统、稳定、规范的三江源区生态补偿长效机制。因此，特针对三江源区生态补偿长效机制建设提出以下几点重点任务和政策建议。

7.1 三江源区生态保护法规建设

通过全国人民代表大会立法，明确三江源区生态保护与生态补偿的要求；建立国家重点生态功能区生态补偿法规，将三江源区作为试点区域；青海省尽快出台三江源区生态补偿相关配套办法细则，补充完善三江源区生态补偿法规。将三江源区生态补偿上升到法律地位，以法律为依据维护三江源区生态服务功能，保障三江源区内人民群众的基本权益。

7.1.1 创建三江源生态特区

为更好地保护三江源区生态环境，实现地区经济发展，建议在三江源区建立"生态特区"，国家需给予三江源生态特区优惠的政策和资源输入，保证政策和资源输入的持续性。建立生态特区主要措施如下：申报世界自然与文化双遗产；建立以生态保护为导向，平衡经济社会发展的考核指标；形成基于三江源区生态和文化产品的高端生态产业；催生以三江源区生态服务为基础和产品的新经济；构建生态文化高地；形成世界级的生态文明研究和展示基地。

7.1.2 加强三江源区生态保护与生态补偿立法工作

三江源区生态保护与生态补偿应该建立在法制化基础上，建议通过全国人大或国务院出台三江源区生态保护法律法规，界定三江源区生态补偿内容，建立三江源生态特区，确保三江源区居民的主要收入从提供生态服务产品中获得，将三江源区生态保护上升到立法层次，明确立法目的、依据、适用范围、指导方针、保护建设原则、规划、管理、监督、保障以及法律责任等。重点针对禁牧、牧民搬迁、环境治理、湿地保护、人口教育、产业发展、资源开发、保障措施、执法主体等做出明确规定。

7.1.3 探索完善国家重点生态功能区生态补偿法规

全国性统一的生态补偿法律和法规至今没有建立，尽快探索出台国家重点生态功能区生态补偿法规，优先将三江源区作为重要的试点区域，推进我国重点生态功能区生态补偿法规建立与实施。以法规形式将重点生态功能区补偿范围、对象、方式、标准、补偿资金的筹资渠道等确立下来，建立权威、高效、规范的生态补偿管理、运作机制，促使生态补偿工作走上法制化、规范化、制度化、科学化的轨道，切实保障如三江源生态功能区等全国重要生态功能区生态环境系统的健康、稳定和持续发展。

7.1.4 完善三江源区生态补偿配套办法细则

在近期内，青海省人民代表大会和人民政府尽快补充完善三江源区生态补偿配套办法细则，作为生态补偿相关法律的重要补充和具体实施办法，明确三江源区生态补偿机制的具体目标、指导思想、基本原则、补偿范围、补偿重点、补偿资金来源、组织实施等方面，重点针对生态环境治理维护补偿、居民生活生产补贴、基础服务能力补贴等内容建立条例办法。

7.2　三江源区生态补偿资金筹集

三江源区生态补偿逐步实现补偿资金以专项资金投入替代项目资金补偿，逐步实现补偿资金来源多元化替代单一化，补偿方式多样化，最终建立完善的三江源生态补偿资金筹集机制，包括补偿资金预算、审核、实施、监管，补偿资金筹集管理办法等。

7.2.1　国家建立三江源区生态补偿专项资金

三江源区现有生态保护和建设的资金来源主要来自中央预算内专项资金和原有投资渠道项目资金两部分，这些资金分别由发展和改革委员会、住房和城乡建设部、国家林业局、农业部、水利部等不同部门下拨和管理，资金到位、使用和管理的时间、程序、要求各不相同，并且项目形式的补偿资金，来源不稳定，持续性差。因此，国家应加强对各类资金的整合捆绑使用，尽快建立专门的三江源区生态补偿资金投入渠道，保证稳定的、长期的按年度的三江源区生态补偿资金投入，授权青海省政府总负责专项资金的统筹规划使用。改变原有生态补偿投入多头实施、分头管理的现状，整合国家各部委原有各项生态保护投入资金，把三江源区生态补偿纳入到国家财政预算，形成统一集中的三江源区生态补偿专项基金，国家各部委不再单独以生态保护项目的方式对三江源区开展生态补偿。三江源区生态补偿资金根据生态保护工作的需要，由三江源区生态保护责任部门统筹规划分配使用，统一由专项基金按年度预算下拨补偿资金，逐步实现三江源区补偿资金以专项资金投入替代项目资金补偿，提高生态补偿资金的使用效率。

7.2.2　建立三江源区生态补偿融资机制

三江源区生态补偿以国家投入为主体，但不仅要依靠中央政府补贴，更应探索建立多渠道融资机制。通过发行三江源区生态彩票和三江源区生态建设债券、设立三江源区生态基金、水资源基金，设立三江源区信贷风险补偿基金、三江源区担保公司来优化金融生态环境等方式，逐步实现补偿资金来源的多样性、持续性、稳定性和充足性，撬动信贷资金支持生态保护、生态经济和农牧民转产创业，从而实现生态补偿与发展经济、改善民生结合起来。

出台具体三江源区生态补偿资金筹集管理办法，明确资金年度预算、资金监管、成效评估等。

7.2.3　建立多样化补偿方式

三江源区生态补偿除了资金补偿外，应加大政策补偿、技术补偿、人才补偿等支持力度，建立多样化补偿方式。政策补偿主要包括税收政策、高考优惠政策等；技术及人才补偿主要包括人才引进、科研项目支持、技术合作、交流学习等。

7.3　人口控制与文化素质提高

三江源区最大可承载牧业人口规模约为 34 万人，现状牧业人口约为 65 万人，需转移或转产牧业人口 31 万人。控制三江源区牧业人口规模，遏制人口不断增长。目前单纯采用移民方式转移牧业人口存在后续产业发展艰难、移民生活水平下降、返牧现象普遍等问题。因此，应综合采用增设草原管护岗位、大力发展教育、劳务输出、后续产业培育等各种方式，引导牧业人口的科学转移，优化人口结构。发展普及教育，提高三江源区人口素质和就业能力，是实现牧业人口下降的根本措施。逐渐全面普及中小学义务教育，积极开展异地合作办学、加强农牧民技能培训，提高牧区居民的科学文化素质，保护并传承三江源区的民族文化。

7.3.1　设置草原管护岗位

通过设置草原管护岗位减少牧业人口（李芬等，2014）。应充分借鉴我国实施天然林保护工程中森林工人由砍树转为栽树的经验，改变原有单纯的移民方式，在自然保护区、超载严重的区域和草地重度退化区等区域，根据草原面积合理设置草原管护岗位，由国家统一发放工资，使原有牧民从放牧人员转变为保护草原的工作人员，从而减少牧业人口规模。

7.3.2　完善计划生育奖励扶助

做好人口和计划生育工作，是实现三江源区人口与资源、环境协调和可持续发展的关键。预期到 2020 年使三江源区人口自然增长率接近青海省平均水平，到 2030 年使三江源区人口自然增长率接近全国水平。三江源区在继续严格执行计划生育基本国策的基础上，通过实行"少生快富"和"奖励扶助"政策，特别是对生育两个及两个以下孩子即采取长效节育措施的牧户，加大奖励力度，并积极给予计划生育户在子女义务教育、夫妻双方技能培训和就业、养老补助等方面的优惠、照顾或奖励办法。而对于超过计划生育指标的牧户，则只对其进行最基本的补贴，不能享受额外的教育、就业等方面的奖励补助。

7.3.3　提高义务教育补助

7.3.3.1　普及"1+9+3"义务教育

对三江源区的学前 1 年幼儿教育、9 年小学和初中教育、3 年中职教育全部进行免费义务教育。小学、初中教育以就地为主，要改善教学条件，集中当地的师资力量，重点做好小学和初中的教育工作。高中教育以外培为主，就地为辅，使尽可能多的学生能到区外接受良好的教育。逐渐提高小学儿童入学率及初高中升学率。用 10～15a 时间全面普及免费的义务教育。

7.3.3.2 师资培训补助

目前，三江源区师资水平整体偏低，为加强师资队伍建设，提高教学水平，规划安排中小学"双语"教学师资力量培训项目，通过在对口援青海省（市）和本省西宁市、海东地区等地的高校进修，并结合在中、小学交流学习的方式，对三江源区低学历的中、小学教师进行轮流培训，逐步扩大培训规模。

7.3.3.3 完善教育基础设施建设补助

1）校舍扩建与危房修缮

对三江源区现有学校的危房进行修缮。另外，为满足生态移民子女就学需求，按照国家校舍建设相关标准和教学设备配置标准，对移民社区所在城镇的现有的各级各类学校进行改扩建。

2）配套教学设施配置

根据新增学生数量增设课桌椅及学生用床，为新扩建的班级配置教室基本教学设施和远程教育设施，为每个初高中、职业学校增加教学实验器材，为每个学校配备音体美器材和"三室"建设。

7.3.4 创建内地三江源班（校）

充分利用三江源区外教育资源优势，合理地安排三江源区学生的就读场所，进行异地办班、办学，将三江源区学生输送到教学条件和教学质量相对较好的地区。在长江、黄河流域中下游的受益地区且经济发展较好的地级市以上的城市建立三江源高中班、三江源中学（内设初中班、高中班、中职班）、三江源大学，接收来自三江源区的学生，这些班级或学校的领导和教职工必须是政治和业务素质好、具有奉献精神和丰富教育经验的人员担任（李芬等，2014）。

受益地区所创建的三江源学校的招生与普通学校的招生情况分开，独立进行招生，每年有固定的招生名额，这些名额只针对三江源区的农牧民家庭子女。这些学生享受免费的9年义务教育和职业教育。三江源大学的招生采取高考优惠的办法来录取。逐年扩大内地三江源学校的招生规模，尽可能让更多的三江源区的初中生、高中生、中职生、大学生能到内地三江源学校接受更好的教育。

内地三江源学校的学生实行双语教学，同时学习汉语和藏语，课程设置具有灵活性，以核心课程为主，地方课程为辅，在讲授文化知识课的同时，增加技能课程，学习一些民族手艺、草场管理、抗灾管理和初级畜产品加工的知识（Li et al.，2015）。

7.3.5 加强农牧民技能培训

提高农牧民培训、就业及创业补助，加强对农牧民的双语、基本生活和劳动技能培训。生态移民迁移之后的后续生产、生活问题直接关系到减人减畜目标的实现，但由于三江源区牧民迁入城镇后缺乏基本的生存技能，需要政府在基本生活技能培训、就业及创业等方面的长期扶持。

7.3.5.1 双语教育和基本生活培训

对三江源区19～55岁的成年农牧民以不定期培训的方式进行基本的双语和生活培训，逐年降低其文盲率并逐步使其适应现代生活方式。

7.3.5.2 劳动技能培训

积极开展农牧民劳动技能培训，以集中培训、自学和现场培训相结合，用

8~10a 的时间使农牧民每户有 1 名"科技明白人",每人掌握 1~2 项实用技术,劳动力转移就业率逐渐提高。首先对草场管护人员进行生态管护方面的培训。另外对农牧民开展生态保护与治理技术、餐饮服务、机电维修、机动车修理、石雕、民族歌舞、民族服饰、导游与旅游管理、藏毯编织、民族手工艺品加工、民族食品加工、特色养殖和种植、农牧业经纪人、驾驶员等科技知识和劳动技能培训(李芬等,2014)。

7.3.6　加强保护民族文化

对草原游牧文化、藏民族代表性的居住地等带有藏族特点的物质文化与非物质文化予以保护,同时结合传统民族产业发展、补偿资金的投入等措施得以实现。

7.4　三江源区生态环境治理保护

三江源区生态补偿是国家层面或区域尺度上的生态补偿。三江源区的主体功能是保护中华民族的生态屏障、保护三江源源头区的水源涵养功能,只有通过生态补偿机制才能维护其生态功能,生态环境保护建设是生态补偿中重要的内容。

7.4.1　探索建立国家公园试点

三江源区具有设立国家公园的资源条件和现实要求,建议以黄河源头、长江源头、澜沧江源头为试点探索建立国家公园。国家相关部委应优先支持,在玛多县、治多县、杂多县内划定区域建立黄河源头、长江源头、澜沧江源头区国家公园,在保护水源涵养、生物多样性等生态功能基础上,适当纳入旅游文化功能,适度发展高原生态旅游业,将生态旅游业发展成三江源区的重要替代产业和替代生计（Li et al.，2015）。国家公园以自然保护和科研教育为主，进行适度旅游开发，但旅游活动必须在指定范围内开展。国家公园开发项目应注重教育性、环保性、体验性，具体包括高原探险、生态旅游、科考等。国家公园内已有农牧民的土地归国家集体所有，已有部分农牧民转为国家公园的管理人员，部分农牧民外迁至国家公园外转产为旅游业服务人员。国家公园和周边市镇分开，周边市镇主要负责大部分游客接待，实现园内游、园外住。科学划定三江源国家公园的管理范围，建立三江源国家公园管理机构，明确三江源国家公园管理机构的运行经费，制定三江源国家公园保护与开发原则（Li et al.，2015）。

7.4.2   加大投入生态环境治理维护费用

三江源区已经开展了退牧还草、黑土滩治理、沙化防治、鼠虫害治理、湿地保护、生物多样性保护、水土保持等多项生态治理工程，相对于三江源区生态环境的退化情况而言，生态治理与维护工作任务依然艰巨，应继续加强三江源区生态治理与维护工作，重点针对退牧减畜、退化草地治理、生物多样性保护、湿地保护、水土保持等项目，加大资金补偿、技术补偿等多种补偿方式投入。

7.4.3   退牧减畜工程

依据以草定畜、以畜定人的原则，对所需补偿资金实行国家全额补助，实现三江源区实际载畜量降低到理论载畜量水平或低于理论载畜量水平。工程实施需分区域制定不同的补偿政策，设定重点工程区域。根据草地产草量差异、退化程度、自然保护区、超载情况等因素，制定不同的分区域补偿政策，结合移民工程等综合开展退牧减畜工程。

7.4.4　退化草地治理

依据草地退化程度、退化类型、气候条件等因素，对于退化草地治理采用差异的补偿政策，建立重点工程区域，加大资金补偿和技术补偿力度，保证退化草地治理补偿的稳定性和持续性，对所需补偿进行全额补助。

7.4.5　生物多样性保护

三江源区是最重要的生物多样性资源宝库和最重要的遗传基因库之一，有"高寒生物自然种质资源库"之称。生物多样性保护重点针对野外巡护、湖泊湿地禁渔、陆生动物救护繁育和种质资源库建设等工程开展补偿，使生物多样性得到切实有效的保护。

7.5　三江源区农牧民生产生活条件改善

三江源区是少数民族聚集区，由于自然、历史和社会发育等方面原因，多数群众处于贫困状态。为了保护三江源区生态环境，当地牧民需要放弃原有生活生产方式，为了地区和国家的生态安全做出了贡献。提高农牧民生活水平是生态补偿的重要内容。

7.5.1　生态移民安置

实施生态移民是三江源区进行生态保护和建设的重要措施。按照尊重群众意愿的原则，对草地退化严重区域、自然保护区核心区和超载严重的区域施行生态移民，安置在城镇附近、移民社区或其邻近区域，至2020年实现牧业人口转产就业35万人，牧业人口转产就业安置工作结束，完善安置区的基础设施建设，保障基础设施建设资金投入。

7.5.2 提高生态补偿标准

为保证移民工程实施的成效，增加对已搬迁户、生态移民户、退牧减畜户的住房建设补助、基本生活燃料费补贴和生产费用的补助标准。

7.5.2.1 提高移民住房建设费用补助

由于建筑标准的提高和建筑成本的增加，三江源区原定的生态移民住房建设补助标准已难以满足实际需要，应增加对生态移民住房建设的补助费（李芬等，2014）。

7.5.2.2 增加移民的基本生活费用补助

由于移民基本进入城镇定居，生活所需的水、电、燃料、食物、通信、交通等都必须通过市场获取，生活成本大幅增加，原定的补偿标准明显偏低，需要按城镇居民生活标准进行再次补偿（李芬等，2014）。该项补助为长期补助项目，至 2020 年使生态移民的生活水平接近青海省城镇居民生活水平。

7.5.2.3 加大对农牧民的生产性投入

为了保护生态环境根据承包草地情况，农牧民将面临移民、减畜、提高畜牧业生产水平等多重选择，保护环境提高了提高农牧民生产成本，国家在饲料补助、饲舍建设、人工饲草地建设、牧民生产资料综合补贴等原有补偿内容上保持延续性，同时加大对农牧民生产性投入力度，扩大受益人群，增强农牧民自身创收能力。

7.6 三江源区公共服务能力提升

三江源区社会发展落后，公共服务能力十分薄弱，当地政府承担生态保护与建设的任务繁重，地方财政新增支出压力明显增大，基层政府提供基本公共服务的能力也受到极大影响。提高三江源区公共服务能力体现了生态补偿以人为本、改善居民生活水平的目标。

7.6.1　增加资金投入力度

增加国家资金投入力度，减少或免除地方配套资金，对生态移民集中聚居小城镇建设、公共基础设施建设和公共事业方面实行全额补助，优先在供水、供电、公路、三废处理设施等基本公共设施方面实行全额补助。

加强公共服务机构的建设及运行经费的保障是提升城镇公共服务能力的重要方面。应进一步改善基础服务设施条件，主要包括增加学校、乡村卫生所、县医院、妇幼保健站、医疗急救体系、敬老院、广播电视、等服务设施的建设费、设备购置费和运营费，并适当提高职工工资待遇。

7.6.2　基础设施建设

为确保基本公共服务能力与社会经济发展的要求相适应，保证原有基础设施条件提高基础上，增加新的基础设施建设，强化增加科技投入。优先建设城镇基础设施，保证为居民提供公共服务的基础条件，营造一个良好的生活环境，引导牧民自愿搬迁。优先在供排水、供电、道路交通、通信、环保（垃圾、废污水处理）和供热等基础设施的建设，重点建设区域在城镇和移民社区优先开展，逐步扩大受益人群。利用现代化信息技术手段，实现三江源区科技服务信息化。

7.6.3　公共事业建设

7.6.3.1　医疗事业建设

不断加强公共卫生、计划生育和妇幼保健服务体系建设，满足当地农牧民群众均等化享受预防保健和基本医疗服务的需求。

7.6.3.2　文化娱乐建设

进一步加强三江源区的村村通、乡镇综合文化站、文化信息资源共享、文化进村入户、送书下乡、农牧家书屋、文化基础设施装备等文化惠民工程建设，不断完善和健全三江源区的公共文化服务体系建设，不断丰富和满足各族群众的精神文化需求，实现和保障了各族群众的文化权益。保护以藏文化为主体的各民族文化设施和文化习俗。重视以高原特色民族文化和民族体育事业为基础，完善基层文体设施，广泛开展全民健身运动，努力提高当地群众文化、体育素质。

7.7　三江源区优势产业培育

依托三江源区的自然资源优势，培育优势产业，将目前单一的草原畜牧业逐渐发展为多元化产业，调整产业结构，促进特色产业发展、传统产业改造升级优化，为农牧民的就业创造更多岗位。为此，政府需增加投入，综合运用财政补贴、税费减免、贷款贴息和价格调节等多种手段，积极扶持三江源区现代生态畜牧业、高原生态旅游业和民族手工业的发展，增加就业机会，提高农牧民收入。其中，以果洛州、玉树州为重点，以发展生态畜牧业、生态旅游业和民族手工业为主要产业。

7.7.1　加快青海省工业化、城镇化发展进程建设

遵循市场选择区位的规律，逐渐发展以西宁市为中心，格尔木市为副中心，依托兰青和青藏铁路、公路，组织青海省东部综合经济区、海西工矿区、环青海湖旅游和高效畜牧经济区、青南牧业区四个特色经济区域，加快青海省工业化、城镇化、农业现代化的发展进程。

发展劳务经济，解决三江源区搬迁牧民就业问题，有计划、有组织地与劳动用人单位签订劳务合同，组织劳务输出，同时提高劳动力转移输出的补助，推动三江源区富余劳动力向西宁市、格尔木市、德令哈市等城镇化水平高的区域转移（Li et al.，2015）。

7.7.2 继续培育三江源区生态畜牧业

三江源区是天然绿色食品和有机食品生产的理想基地，具有发展生态畜牧业的优势条件。因此，建议在各州县各建立示范村，引导牧民开展以股份合作经营为主的草地集约型、以分流劳动力为主的草地流转型、以种草养畜为主的以草补牧型生态畜牧业。继续培育以市场为导向、以农畜产品生产基地为依托、农畜产品加工企业为龙头，市场牵龙头、龙头带基地、基地连农户的符合高寒牧区实际的现代生态畜牧业产业化模式。国家需对三江源区生态畜牧业发展体系中的配套基础设施建设、市场和技术支撑体系建设给予补助。

7.7.2.1 配套基础设施建设补助

鼓励和扶持发展舍饲畜牧业，为留居草场从事草地畜牧业的牧户、人工饲草料基地、畜产品生产基地进行配套基础设施建设，因此需加大对牲畜暖棚、饲草料基地、贮草棚建设的补助。

7.7.2.2 市场和技术支撑体系建设补助

生态畜牧业不仅对生态环境、气候条件和草原基础设施等客观条件有较高要求，而且对畜产品的生产过程、技术条件、市场推广等方面也有严格要求。因此需对草畜品种改良、动物防疫体系、畜产品质量安全认证体系、有机畜产品品牌推广等给予补助。

7.7.3　积极发展高原生态旅游业

　　三江源区旅游资源丰富，发展潜力巨大。因此政府需通过财政补贴、贷款贴息、税费减免等手段加大对三江源区生态旅游产业的补偿投资，将生态旅游业发展成三江源区的重要替代产业和替代生计。近期内将生态旅游业培育成三江源区新兴产业、第三产业中的龙头产业。中远期将生态旅游业培育成三江源区的支柱产业。

　　对长江源头、黄河源头、澜沧江源头、可可西里、扎陵湖-鄂陵湖、年保玉则湖群、玉树勒巴沟景区、曲麻莱昆仑文化旅游中心、阿尼玛卿峰群等重点景区景点的旅游基础设施建设、管理体制完善和旅游招商引资进行补偿。另外积极扶持乡镇牧家乐、农牧民民族歌舞团、藏民风情文化村的建设，同时加强农牧民导游、景点服务、民族歌舞、旅游民族食品加工、民族手工艺品制作等技能培训，加大农牧民参与旅游发展的扶持力度，促进农牧民转产就业和增收。建议设立三江源区旅游发展专项资金，统筹解决三江源区旅游规划、旅游产品宣传、旅游景区经营管理和相关人员培训工作。

7.7.4　大力扶持民族手工业

　　藏毯是以羊毛为原料，具有浓郁的民族特色，藏毯业是劳动密集型产业，工艺简单，适合妇女劳动力。另外民族服饰和首饰、雕刻业等民族手工业历史悠久、技艺精湛，具有一定的市场影响力和发展前景。因此，政府应从资金、技术、人才培训方面给予大力支持，扶持以藏毯、民族服饰、民族首饰、毛纺织品、雕刻为重点的民族手工业的快速发展。在三江源区各州分别建立藏毯、民族服饰、首饰、雕刻业等民族手工业产业基地，使民族手工业实现规模化、品牌化、精细化，为三江源区农牧民创造就业机会和增加收入。

7.7.5　积极扶持自主创业

对初次自主创业人员给予一次性的开业补助。跨州、跨省创业的，给予一次性交通费补助。同时，在创业培训、项目推荐、开业指导、小额贷款等方面采取优惠政策予以扶持。建立三江源生态移民创业扶持专项资金，并逐步扩大生态移民创业基金规模，引导和鼓励农牧民自主创业和转产创业。

7.8　三江源区农牧区社会保障体系建设

在生态补偿实施过程中，协调卫生、人力资源和社会保障、民政等政府职能部门，同步完善三江源区农牧区社会保障体系，使由于年老、伤残、疾病和意外事故等多种原因而遭受损失、生活发生困难的农牧区社会成员得到资金保障，帮助农牧区社会成员转移和避免各种风险，解除农牧民的后顾之忧，切实改善民生。

农牧区社会保障体系建设以新型农牧区合作医疗制度（新农合）、新型农牧区社会养老保险制度（新农保）和农牧区最低生活保障制度（低保）三个方面为主，提高参保率，弥补保费人均筹资标准、财政补贴比例和最低生活保障补贴标准的地区差异与城乡差异。

在社会保障体系建设过程中，与生态补偿相结合，针对不同人群建立不同的补贴标准，参照农牧民对生态保护措施的执行情况，设定社会保障方面的奖励或限制措施，提升农牧民保护生态、改善环境的积极性。

7.8.1　强化社会保障建设资金支持

确保三江源区农牧区社会保障资金来源及其稳定性。以财政支持为主，调整各级财政的支出结构，加大对社会保障资金的支持，提高农牧区社会保障支出在财政支出中的比例；适时开拓筹资渠道，结合征收社会保障税、福利彩票、社会保障长期债券和社会捐助等形式，建立一个比较规范稳定的收入来源渠道，保持社会保险筹资的相对稳定性。

7.8.2　扩大农牧区社会保障体系覆盖面

提高新型农牧区合作医疗、新型农牧区社会养老保险和农牧区最低生活保障的参保率。新型农牧区合作医疗制度参合率尽快提高到100%，新型农牧区社会养老保险参保率逐步提高，并最终实现全部参保，最低生活保障实现应保尽保。

7.8.3　提高人均筹资标准和财政补贴比例

结合三江源区自然条件恶劣、人均收入较低、地方病发病率高、人均寿命较短等特点，提高人均筹资标准，提高筹资中财政补贴比例，并探索社会保障城乡一体化途径。新型农牧区合作医疗人均筹资标准保持城乡统一，财政补贴平均比例保持在现有的86.7%或更高水平上；新型农牧区社会养老保险人均筹资标准达到全国平均水平，提高财政补贴平均比例至60%以上，同时探索养老保险城乡一体化的途径；最低生活保障补助标准提高至全国平均水平，探索农牧区低保与城市低保一体化途径。

7.8.4　优先惠及生态移民及退牧减畜牧民

生态移民面临生存方式改变、收入来源减少等困难，退牧减畜牧民由于牲畜量减少也会遇到收入减少的问题，在引导其拓展产业和收入方式的同时，需优先考虑这类人群的社会保障问题。积极扩展生态移民居住区、退牧减畜地区的社会保障体系覆盖面，提高补贴标准，对生态移民的新农合、新农保保费实行全部补贴，参照城镇居民标准提高生态移民养老金标准及低保对象的补助标准；对退牧减畜牧民实行保费高比例补贴，提高低保补助标准。

7.9　三江源区生态补偿绩效监管

建立专门机构，对生态补偿进行绩效监管，保障生态补偿工作的顺利实施，确保生态保护和恢复成效，提高地方政府执行效率，保证资金合理使用。

7.9.1　成立国务院三江源生态建设委员会

成立国务院三江源生态建设委员会，作为领导三江源生态建设和移民工作的高层次决策机构，由国家重要领导人任委员会主任和成员。委员会下设三江源生态建设委员会办公室，负责日常工作，主要职责包括：组织与协调生态补偿相关计划，起草有关法规草案，就三江源生态补偿重大问题与有关部门进行协调；协调落实资金筹措，负责资金和项目进度的相互协调，监督审查生态补偿资金计划执行情况；安排生态建设和移民搬迁年度大类计划，监控项目执行与移民搬迁安置规划的实施；组织协调三江源生态建设中重大方案性问题和重大政策问题，审查初步设计的重大变更；负责三江源生态建设中重大信息的收集、整理和发布，组织协调有关宣传活动；指导移民培训、公共设施建设、产业扶持等工作；协调三江源生态建设与科研单位、公益组织间的合作与交流等。

7.9.2　形成生态资源资产监测核算业务能力

依托三江源区的自然资源优势，将生态资源资产作为生态补偿绩效的衡量指标和依据（Li et al.，2015），研究三江源区生态资源资产核算技术体系，以行政区划为单位开展三江源区生态资源资产核算普查，形成天地一体的三江源区生态资源资产监测核算业务能力。

7.9.3 建立新型绩效考评机制

在三江源区，在兼顾经济发展的同时，突出本地区维系全国生态环境系统稳定的重要作用，制定生态、民生、公共服务等方面的综合考核指标，建立以生态保护和恢复为核心的考评体系，形成新型绩效考评机制，使政府树立起绿色执政理念。考核结果要与政府责任以及领导考核联系起来，作为政绩考核、干部提拔任用和奖惩的依据。

7.9.4 强化三江源生态环境动态监测

为了实现对三江源生态保护与建设工程成效评估、区域环境状况评估预警、重要生态功能区县域环境质量考核和生态补偿提供重要依据，需结合地面监测与空间监测，制定生态环境动态监测综合指标体系和退化单项预警和综合预警值，确定监测重点区域及重点内容等工作。进一步整合现有监测资源、加强多部门协作、合理布局监测网点、统一监测评价技术标准，编制年度监测报告，开展监测与管理信息系统建设。

7.9.5 开展牧民生态保护成效检查验收

以牧户为单位，围绕退牧减畜、计划生育、义务教育普及、草地保护恢复、文化技能提高等方面，逐年开展检查验收，将牧民实施生态保护的成效与生态补偿挂钩。如，将补偿资金直接补到农牧民手里，并实施差异化补偿机制。对草场生态改善效果明显、生育两个及两个以下孩子即采取长效节育措施、子女接受义务教育的牧户给予加大奖励力度，否则只给予最基本的补贴或扣减相应的补贴，不能享受其他方面的奖励补助（李芬等，2014；Li et al.，2015）。

7.9.6 加强生态建设监管

成立生态监管机构，由省、县两级构成，负责退牧减畜、草地恢复和生态保护各个方面的监督执法检查，组织开展三江源区生态保护执法检查活动，负责生态保护行政处罚工作。

建设生态管护监测站，聘用管护监测人员，不仅监管超载过牧违法违规行为，其他破坏生态的行为如挖土取砂、临时作业等也在监管职责范围内。一旦发现任何违法违规行为，第一时间制止并向县监管机构报告。管护人员一般在牧民中聘用，在上岗前进行生态保护政策、实施步骤等相关内容培训。省、县生态监管机构每年不定期进行监督和检查，对于禁牧区放牧偷牧、草畜平衡区超载等违法违规行为依照有关法律法规严肃查处。

7.9.7 监督生态补偿资金使用

依托三江源生态建设专职机构，成立配套的资金监督管理领导组，以财政、审计、监察、环保、教育、畜牧、民政等各职能机构负责人为成员，具体负责研究制定资金管理制度和操作规程。监管组要做好项目实施过程中的招投标管理、合同审核、工程审价审计等方面的工作，不定期地开展检查监督，对三江源生态补偿的资金使用和执行情况进行跟踪。严格监督检查和责任追究，坚持"问责"与"问效"并重，对项目实施及资金落实情况加强监管，强化审计监督；联合纪检、监察等部门及公检法等机关严肃法纪监督。严肃查处项目管理和资金使用中的违纪违规行为，充分发挥三江源生态补偿资金的最大作用。

7.10 三江源区生态补偿技术保障

生态补偿机制的建立是一项复杂而长期的系统工程，三江源区生态补偿虽然已经开展，但补偿机制依然不完善，处于探索阶段，需加强三江源区生态补偿技术支撑体系建立，提高科技培训覆盖面。特别实在生态工程、生态畜牧业、监测技术、后续产业等方面，加强技术支撑能力。

7.10.1　生态恢复技术

三江源区自然条件恶劣，生态系统极为脆弱，生态恢复难度极大，针对具体的生态恢复工程如鼠害治理、草场恢复、防沙治沙、人工增雨等要依靠科学技术。在生态补偿要加大针对三江源区这种特殊自然条件下生态恢复技术资金支持的力度，加大政府与科研院所间合作，在相关科研立项方面予以政策倾斜，保证三江源区生态恢复技术的研究与应用。

7.10.2　生态畜牧业技术

三江源区经济以畜牧业为主，为了保护生态环境，必须逐步转变粗放型畜牧业为集约化经营模式，以整合资源和促进合作社有效运转为重点，坚持生态畜牧业建设与生态补偿奖励机制、移民工程、生态工程等相结合，加大对生态畜牧业研究、科研成果转化、技术推广等相关工作的资金支持，重点针对畜种改良、牲畜育肥、饲草种植、经营模式等方面开展研究，为生态畜牧业建设提供技术保障。

7.10.3　监　测　技　术

三江源区面积广阔，自然条件恶劣，监测基础相对薄弱，增加了该区生态系统监测难度。同时三江源区生态监测工作已经在三江源生态监测站点与指标体系建立，生态监测能力建设，草地湿地等生态监测与评估，三江源区生态监测数据库建立，三江源区生态监测影像、图件、数据资料库建设等方面取得了阶段性的成果，应继续加强对该监测工作的资金支持力度，增强监测能力，提高监测水平，不断交流学习。为三江源区生态保护与建设工程成效评估、区域环境状况评估预警、重要生态功能区县域环境质量考核和生态补偿提供依据等提供重要的监测技术保障。

7.10.4　后续产业技术

三江源区产业发展落后，由于生态保护，需要移民和转产，未来三江源区产业定位、规划等工作的开展极为重要，解决宏观层面的问题要依靠科学技术，进行科学的论证与决策；同时，后续产业具体技术问题更需要技术保障和人才支持。应加强政府与规划科研院所的合作，解决宏观产业规划布局技术难题；加强政府与企业、各大高校、科研院所的合作，解决具体产业生产技术难题，保障三江源区后续产业顺利发展。

参 考 文 献

陈春阳，戴君虎，王焕炯，等.2012. 基于土地利用数据集的三江源地区生态系统服务价值变化. 地理科学进展，31（7）：970-977.

陈钦.2006. 公益林生态补偿研究. 北京：中国林业出版社.

陈钦，刘伟平.2000. 建立公益林生态效益补偿制度的理论依据. 林业经济问题，20（4）：214-219.

陈祖海.2008. 西部生态补偿机制研究. 北京：民族出版社.

董锁成，周长进，王海英.2002."三江源"地区主要生态环境问题与对策. 自然资源学报，17（6）：713-720.

段靖，严岩，王丹寅，等.2010. 流域生态补偿标准中成本核算的原理分析与方法改进. 生态学报，30（1）：0221-0227.

樊江文，邵全琴，刘纪远，等.2010.1988～2005 年三江源草地产草量变化动态分析. 草地学报，18（1）：5-10.

樊江文，邵全琴，王军邦.2011. 三江源草地载畜压力时空动态分析. 中国草地学报，33（3）：64-71.

高辉，姚顺波.2014. 中国三江源区生态补偿标准研究. 云南财经大学学报，（4）：10-14.

辜智慧，史培军，陈晋，等.2010. 基于植被–气候最大响应模型的草地退化评价. 自然灾害学报，19（1）：13-20.

国家发展改革委国土开发与地区经济研究所课题组.2008. 青海三江源区生态补偿的现状、问题及建议. 宏观经济研究，（1）：24-28.

国务院扶贫开发领导小组办公室.2012. 国家扶贫开发工作重点县名单 http：//www. cpad. gov. cn/publicfiles/business/htmlfiles/FPB/gggs/201203/175445. html［2014-11-20］.

黄麟，邵全琴，刘纪远.2011. 近 30 年来青海省三江源区草地的土壤侵蚀时空分析. 地球信息科学学报，13（1）：12-21.

黄炜.2013. 全流域生态补偿标准设计依据和横向补偿模式. 生态经济，（6）：154-159，172.

孔凡斌.2003. 试论森林生态补偿制度的政策理论、对象和实现途径. 西北林学院学报，18（2）：101-102.

赖敏.2013.三江源基于生态系统服务价值的生态补偿研究.北京:中国科学院大学博士学位论文.

蓝盛芳,钦佩,陆宏芳.2002.生态经济系统能值分析.北京:化学工业出版社.

李博.1997.中国北力草地退化及其防治对策.中国农业科学,30(6):1-9.

李迪强,李建文.2002.三江源生物多样性——三江源自然保护区科学考察报告.北京:科学出版社.

李芬,张林波,陈利军.2014.三江源区生态移民生计转型与路径探索—以黄南藏族自治州泽库县为例.农村经济,(11):53-57.

李芬,张林波,李岱青,等.2014.三江源区教育生态补偿的实践与路径探索.中国人口资源与环境,24(11):135-139.

李芬,张林波,朱夫静.2015.三江源区生态移民返牧风险的思考.农村经济与科技,26(1):19-22.

李辉霞,刘国华,傅伯杰.2011.基于NDVI的三江源区植被生长对气候变化和人类活动的响应研究.生态学报,31(19):5495-5504.

李穗英,孙新庆.2009.青海省三江源草地生态退化成因分析.青海草业,18(2):19-23.

李文华,刘某承.2010.关于中国生态补偿机制建设的几点思考.资源科学,32(5):791-796.

李晓光,苗鸿,郑华,等.2009.机会成本法在确定生态补偿标准中的应用——以海南中部山区为例.生态学报,29(9):4875-4883.

李屹峰,罗玉珠,郑华,等.2013.青海省三江源自然保护区生态移民补偿标准.生态学报,33(3):764-770.

李永宏.1995.内蒙古典型草原地带退化草原的恢复动态.生物多样性,3(3):125-130.

刘及东.2010.基于气候产草量模型与遥感产草量模型的草地退化研究.呼和浩特:内蒙古农业大学博士学位论文.

刘纪远,徐新良,邵全琴.2008.近30年来青海三江源地区草地退化的时空特征.地理学报,63(4):364-376.

刘菊,傅斌,王玉宽,等.2015.关于生态补偿中保护成本的研究.中国人口·资源与环境,25(3):43-49.

刘敏超，李迪强，温琰茂，等.2005.三江源区土壤保持功能空间分析及其价值评估.中国环境科学，25（5）：627-631.

刘敏超，李迪强，温琰茂，等.2006.三江源区生态系统水源涵养功能分析及其价值评估.长江流域资源与环境，15（3）：405-408.

刘敏超，李迪强.2007.生物多样性优先性研究——以三江源区为例.湖南师范大学自然科学学报，30（3）：110-115.

刘旭芳，王明安.2006.生态补偿释义.桂海论丛，(22)：82-84.

刘燕.2010.西部地区生态建设补偿机制及配套政策研究.北京：科学出版社.

吕忠梅.2003.超越于保守.北京：法律出版社.

马洪波.2009.建立和完善三江源生态补偿机制.国家财政学院学报，(1)：42-44.

马歇尔.1983.经济学原理.北京：商务印书馆，279-280.

毛飞，唐世浩，孙涵，等.2008.近46年青藏高原干湿气候区动态变化研究.大气科学，32（8）：499-508.

闵庆文，谢高地，胡聃，等.2004.青海草地生态系统服务功能的价值评估.资源科学，26，（3）：56-60.

闵庆文，甄霖，杨光梅，等.2006.自然保护区生态补偿机制与政策研究.环境保护，(10)：55-58.

潘韬，吴绍洪，戴尔阜，等.2013.基于InVEST模型的三江源生态系统水源供给服务时空变化.应用生态学报，24（1）：183-189.

潘韬.2012.过去30年三江源区生态系统水源涵养量的变化.生态学报.

钱拴，伏洋，PAN F F.2010.三江源区生长季气候变化趋势及草地植被响应.中国科学：地球科学，40（10）：1439-1445.

秦大河.2014.三江源区生态保护与可持续发展.北京：科学出版社.

青海省统计局，国家统计局青海调查总队.2005.青海统计年鉴（2005）.北京：中国统计出版社.

青海省统计局，国家统计局青海调查总队.2011.青海统计年鉴（2011）.北京：中国统计出版社.

青海省统计局，国家统计局青海调查总队.2013.青海统计年鉴（2013）.北京：中国统计出版社.

青海省统计局.2012.青海省第六次人口普查办公室编.青海省2010年人口普查资料.北京：中国统计出版社.

《三江源自然保护区生态环境》编辑委员会.2002.三江源自然保护区生态环境.西宁：青海人民出版社.

尚占环，龙瑞军，马玉寿.2006.江河源区"黑土滩"退化草地特征、危害及治理思路探讨.中国草地学报，28（1）：69-75.

邵全琴，樊江文.2012.三江源区生态系统综合监测与评估.北京：科学出版社.

邵全琴，赵志平，刘纪远，等.2010.近30年来三江源区土地覆被与宏观生态变化特征，地理研究，29（8）：1439-1451

石德军，李希来，杨力军，等.2006.不同退化程度"黑土滩"草地群落特征的变化及其恢复对策.草业科学，23（7）：1-3.

史晓燕，胡小华，邹新，等.2012.东江源区基于供给成本的生态补偿标准研究.水资源保护，28（2）：77-81.

孙发平，曾贤刚.2008.中国三江源区生态价值及补偿机制研究.北京：中国环境科学出版社.

孙发平.2008.中国三江源区生态价值及补偿机制研究.北京：中国环境科学出版社.

谭秋成.2009.关于生态补偿标准和机制.中国人口·资源与环境，19（6）：1-6.

万军，张惠远，王金南，等.2005.中国生态补偿政策评估与框架初探.环境科学研究，18（2）：1-8.

吴红，安如，李晓雪，等.2011.基于净初级生产力变化的草地退化监测研究.草业科学，28（4）：536-542.

吴文洁，高黎红.2010.价值补偿与生态补偿概念辨析.南阳理工学院学报，2（5）：102-105.

吴志丰，李芬，张林波，等.2014.三江源区草地参照覆盖度提取及草地退化研究.自然灾害学报，23（2）：94-102.

谢维光，陈雄.2008.国内外生态补偿研究进展述评.中国人口·资源与环境，18：461-465.

徐新良，刘纪远，邵全琴，等.2008.30年来青海三江源生态系统格局和空间结构动态变化.地理研究，27（4）：829-839.

闫玉春, 唐海萍, 张新时. 2007. 草地退化程度诊断系列问题探讨及研究展望. 中国草地学报, 29 (3): 90-97.

杨建平, 丁永健, 陈仁升. 2005. 长江黄河源区高寒植被变化的 NDVI 记录. 地理学报, 60 (3): 467-478.

杨园园. 2012. 三江源区生态系统碳储量估算及固碳潜力研究. 北京: 首都师范大学硕士学位论文.

叶文虎, 魏斌, 仝川. 1998. 城市生态补偿能力衡量和应用. 中国环境科学, (18): 298-310.

禹雪中, 冯时. 2011. 中国流域生态补偿标准核算方法分析. 中国人口·资源与环境, 21 (9): 14-19.

张镱锂, 丁明军, 张玮, 等. 2007. 三江源区植被指数下降趋势的空间特征及其地理背景. 地理研究, 26 (3): 500-507.

张云龙, 田素雷. 2010. 治理沙化土地主要困难是资金不足. http://news.xinhuanet.com/environment/2010-06/17/c_ 12230217. htm [2010-6-17].

赵新全, 周华坤. 2005. 三江源区生态环境退化、恢复治理及其可持续发展. 科技与社会. 20 (6): 471-476.

赵志平, 刘纪远, 邵全琴. 2010. 三江源自然保护区土地覆被变化特征分析. 地理科学, 3 (3): 415-420.

中国生态补偿机制与政策研究课题组. 2007. 中国生态补偿机制与政策研究. 北京: 科学出版社.

周华坤, 赵新全, 张超远, 等. 2010. 三江源区生态移民的困境与可持续发展策略. 中国人口资源与环境, 20 (3): 185-188.

周华坤, 赵新全, 周立, 等. 2005. 青藏高原高寒草甸的植被退化与土壤退化特征研究. 草业学报, 14 (3): 31-40.

周兴民. 2001. 中国嵩草草甸. 北京: 科学出版社, 158.

卓莉, 曹鑫, 陈晋, 等. 2007. 锡林郭勒草原生态系统恢复工程效果的评价. 地理学报, 62 (5): 471-480.

Abernethy V D. 2001. Carrying capacity: The tradition and policy implications of limits. Ethics in Science and Environmental Politics, 23: 9-18.

Bienabe E，Heame R R. 2006. Public preferences for biodiversity conservation and scenic beauty within a framework of environmental services payments. Forest Policy and Economics，（9）：335-348.

Chee Y E. 2004. An ecological perspective on the valuation of ecosystem services. Biological Conservation，120：549-565.

Cohen J E. 1997. Population，economics，environment and culture：An introduction to human carrying capacity. Journal of Applied Ecology，34（6）：1325-1333.

Costanza R D，Arge R，de Groot R，et al. 1997. The value of the world's ecosystem services and natural capital. Nature，387：253-260.

Costanza R，Daly H E. 1992. Natural capital and sustainable development. Conservation Biology，6（1）：37-46.

Costanza R，Groot D R，Sutton P，et al. 2014. Changes in the global value of ecosystem services. Global Environmental Change，26：152-158.

Costanza R. 2000. Social Goals and the valuation of ecosystem services. Ecosystem，（3）：4-10.

Costanza R. 2008. Ecosystem services：Multiple classification systems are needed. Biological Conservation，141（2）：350-352.

Crowards T M. 1996. Natural resource accounting：A case study of Zimbabwe. Environmental and Resource Economics，7（3）：213-241.

Curran S，Kumar A，Lutz W，et al. 2002. Interactions between coastal and marine ecosystems and human population systems：Perspectives on how consumption mediates this interaction. Ambio，31（4）：264-268.

Daly G，Ehrlich P. 1992. Population，sustainability，and earth's carrying capacity. BioScience，（42）：761-771.

Del Monte-Luna P，Brook B W，Zetina-rejo M J，et al. 2004. The carrying capacity of ecosystems. Global Ecology and Biogeography，13（6）：485-495.

Dobbs T L，Pretty J. 2008. Case study ofagri - environmental payments：The United Kingdom. Ecological Economics，65（4）：765-775.

Eastwood J A，Yates M G，Thomson A G，et al. 1997. The reliability of vegetation index for monitoring salt marsh vegetation cover. RemoteSensing，18（18）：3901-3907.

Engel S, Pagiola S, Wunder S. 2008. Designing payments for environmental services in theory and practice: an overview of the issues. Ecological Economics, 65: 663-674.

Farrow S. 1998. Environmental equity and sustainability: Rejecting the Kaldor- Hicks criteria. Ecological Economics, 27 (2): 183-188.

Gauvin C, Uchida E, Rozelle S, et al. 2010. Cost- effectiveness of payments for ecosystem services with dual goals of environment and poverty alleviation. Environmental Management, 45 (3): 488-501.

Gill R A, Kelly R H, Parton W J, et al. 2002. Using Simple Environmental Variables to Estimate Below- ground Productivity in Grass-lands. Global Ecology and Biogeography, 11: 79-86.

Hardin G. 1986. Cultural carrying capacity: A biological approach to human problems. BioScience, 36 (9): 599-606.

Immerzeel W, Stoorvogel J, Antle J. 2008. Can payments for ecosystem services secure the water tower of Tibet. Agricultural Systems, 96 (13): 52-63.

Johst K, Drechsler M, watozold F. 2002. An ecological- economic modeling procedure to design compensation payments for the efficient spatio- temporal allocation of species protection measures. Ecological Economics, 41: 37-49.

Lei H, Fang L T, Qian Z M, et al. 2012. The quantitative analysis of ecological compensation responsibility in watershed. Energy Procedia, 16: 1324-1331.

Li F, Zhang L B, Li D Q, et al. 2015. Long-term ecological compensation policies and practices in China: Insights from the three rivers headwaters area. Ecological Economy, 11 (2): 175-184.

Li J, Lu Z. 2014. Snow leopard poaching and trade in China. Biological Conservation, 176: 207-211.

Li J, Wang D, Yin H, et al. 2013a. Role of Tibetan Buddhist monasteries in snow leopard conservation. Conservation Biology, 28 (1): 87-94.

Li J, Yin H, Wang D, et al. 2013b. Human- snow leopard conflicts in the Sanjiangyuan Region of the Tibetan Plateau. Biological Conservation, 166: 118-123.

Liu D X, Lu X S, Zhang B B. 2007. Evaluation of human carrying capacity in the Hulunbeier Grassland ——a case study in Chenbaerhu Qi in Inner Mongolia, China. Acta Prataculturae

Sinica, 16（5）: 1-12.

Liu J Y, Shao Q Q, Fan J W. 2009. The integrated assessment indicator system of grassland ecosystem in the Three-River Headwaters region. Geographical Research, 28（2）: 273-283.

Macmillan D C, Harley D, Morrison R. 1998. Cost-effectiveness analysis of woodland ecosystem restoration. Ecological Economics, 27（3）: 313-324.

Millington R, Gifford R. 1973. Energy and How We Live. Australian UNESCOS seminar, Committee for Man and Biosphere.

Organization commission of Atlas of Rangeland Resources of China, 1 : 1 million scale. Atlas of Rangel and Resources of China, 1 : 1 million scale. 1993. Beijing: Chinese Map Press.

Pagiola S. 2008. Payments for environmental services in Costa Rica. Ecological Economics, （65）: 712-724.

Pulliam H R, Haddad N M, Rothschild K W, et al. 1994. Human population growth and the carrying capacity concept. Bulletin of the Ecological Society of America, 75: 141-157.

Purevdorj T S, Tateishi R, Ishiyama T, et al. 1998. Relationships between percent vegetation cover and vegetation indices. International Journal Remote Sensing, 19: 3519-3535.

Rees W E. 1996. Revisiting carrying capacity: Area-based indicators of sustainability. Population and Environment, 17（3）: 195-215.

Seidl I, Tisdell C. 1999. Carrying capacity reconsidered: From Malthus' population theory to cultural carrying capacit. Ecological Economics, 31: 395-408.

Thapa G B, Paudel G S. 2000. Evaluation of the livestock carrying capacity of land resources in the Hills of Nepal based on total digestive nutrient analysis. Agriculture, Ecosystems & Environment, 78（3）: 223-235.

Wang L J. 2010. Watershed eco-compensation mechanism and policy study in China. Procedia Environmental Sciences, 2: 1290-1295.

Wendland K J, Honzá K M, Portela R, et al. 2010. Targeting and implementing payments for ecosystem services: Opportunities for bundling biodiversity conservation with carbon and water services in Madagascar. Ecological Economics, 69（11）: 2093-2107.

World Bank. 2010. Wealth Accounting and Valuation of Ecosystem Services. http: // www. worldbank. org/programs/waves ［2014-12-11］.

Wunscher T, Engel S, Wunder S. 2008. Spatial targeting ofpayments forenvironmental services: A tool forboosting conservation benefits. Ecological Economics, 65: 822-833.

Yang J P, Lu F, Zhao Y J. 2014. Research of Hebei ecological compensation system based on the Main Functional Area. Journal of Chemical and Pharmaceutical Research, 6 (5): 460-465.

Yang X, Zhang K, Jia B, et al. 2005. Desertification assessment in China: an overview. Journal of Arid Environment, 63: 517-531.

Young C C. 1998. Defining the range: The development of carrying capacity in management practice. Journal of the History of Biology, 31 (1): 61-83.

Zbinden S, Lee D. 2005. Paying for environmental services: An analysis of participation in Costa Rica's PSA Program. World Development, 33 (2): 255-272.

Zhou H K, Zhao X Q, Tang Y H, et. al. 2005. Alpine Grassland Degradation and Its Control in the Source Region of Yangtze and Yellow Rivers, China. Grassland Science, 51: 191-203.

Zhang J P, Zhang L B, Liu W L, et al. 2014. Livestock carrying capacity and overgrazing status of alpine grassland in three- river headwaters region. Journal of Geographical Sciences, 24 (2): 303-312.

附　　录

附录1　三江源区生态补偿相关政策文件

序号	文件	备注
1	青海省人民政府关于停止天然林采伐通告 青政（1998）75号	
2	国务院关于支持青海等省藏区经济社会 发展的若干意见 国发〔2008〕34号	
3	关于探索建立三江源生态补偿机制的若干意见 青政〔2010〕90号	
4	青海省草原生态保护补助奖励机制实施 意见（试行） 青政办〔2011〕229号	
5	关于印发完善退牧还草政策的意见的通知 发改西部〔2011〕1856号	
6	青海省人民政府办公厅关于印发《三江源生态补偿机制试行办法》的通知 青政办〔2010〕238号	
7	青海省人民政府关于开展新型农村牧区社会 养老保险试点工作的实施意见 青政（2009）63号	

附录2　青海省三北防护林体系建设三十周年总结报告

青海省三北防护林体系建设工程自 1978 年实施以来的 30 年中，在省委、省政府的正确领导和国家的大力支持下，经过全省三北地区各族人民的艰苦奋斗和不懈努力，圆满完成了工程建设任务，部分地区生态环境得到了明显改善，水土流失得到了有效地控制，风沙危害逐步得到遏制，林业产业得到了一定发展，促进了社会的可持续发展。

一、基本情况

青海省三北防护林体系建设四期工程区涉及柴达木盆地和祁连山地两个大的地貌单元，包括西宁市，海东地区，海南、海北、海西、黄南藏族自治州所属 29 个市、县、行委。建设区总面积 37.98 万平方公里，占全省国土总面积的 52.6%。建设区总人口 454.5 万人，占全省总人口的 83.8%，其中农业人口 311.3 万人，占全省农业人口 79.5%；2005 年工农业生产总值达 5052119 万元，农业产值 186844.6 万元，农牧民人均纯收入 2175.9 元。

工程建设区现有林业用地面积 4572764.2 公顷，其中有林地 306972.4 公顷，占林业用地面积 6.7%；灌木林地 1842088.2 公顷，占林业用地面积 40.3%；灌丛 428738.2 公顷，占林业用地面积 9.4%；疏林地 55872.8 公顷，占林业用地面积 1.2%；未成林造林地 382978.5 公顷，占林业用地面积 8.4%；苗圃地 2198.9 公顷，占林业用地面积 0.05%。林网及四旁植树 11210.2 万株，森林覆盖率 5.65%。活立木总蓄积量 3699.5 万立方米。

二、工程建设主要成就

1978 ~ 2007 年，全省三北防护林体系共完成投资 65389 万元，其中，国家预算内资金 46000 万元，国内贷款 12300 万元，自筹资金 3872 万元，其他资金 3217 万元。群众投工投劳折合资金 11000 万元；完成人工造林 1097.565 万亩，飞播造林 14.1 万亩，封山育林 1252.183 万亩；完成四旁植树 3.3 亿株。

通过 30 年的工程建设，我省三北地区的森林覆盖率由工程建设前（1978年）的 2.47%，提高到 2007 年的 5.65%，提高了 3.18 个百分点，年造林面积由 1978 年前的每年 10 万亩左右提高到现在的 100 万亩左右，造林步伐明显加快。目前我省三北地区林地总面积已由 1978 年的 470 万亩，增加到 3816.06 万亩（包括有林地、灌木林地和未成林的造林地），活立木蓄积量也由 1977 年的 1547.1 立方米增加到 2858.7 万立方米。林业产值由 1977 年的 1648.5 万元增加到 46518.3 万元。以枸杞、沙棘资源利用为主的沙产业和生态旅游业也得到了一定的发展，林业二、三产业产值由 1977 年的 75 万元增加到 2007 年的 3 亿元左右。三北防护林体系建设取得了显著的成效。

三北地区的林业机构、基础设施、林业队伍建设等方面也得到了完善和充实。共建立州、县级林业技术推广心 24 个，新建乡级林业工作站 232 个，新增林业技术干部 639 人。新建国有林场 4 个，新建苗圃 10 个。林业公安机构从无到有，公安队伍不断加强，已成为预防和打击破坏森林资源犯罪活动的骨干力量。

三、工程建设主要效益分析

（一）局部地区生态环境条件得到改善

经过三十年来防护林体系建设，有效增加了林地面积。使三北地区的自然面貌发生了极大变化。省会西宁市，在三北工程建设中，以南北山绿化为重点，经过 20 多年的人工造林，西宁市南北山完成高标准人工造林 10 万亩，极大地改善了城市环境；地处东部黄土丘陵沟壑区的海东地区通过造林育林，全区林木覆盖率由 1978 年的 10.7% 增加到 24.9%，增加 14.2 个百分点。林地面积的增加，改变了局部地区的气候条件，近年来全区基本消除了干热风对农作物的危害，晚、早霜期提前和推迟 10 天左右，延长了作物生长期；地处柴达木盆地的都兰县香日德农场通过营造防风固沙林，农田防护林，形成了比较完备的绿洲防护林体系，使这一地区的气候条件明显改善，据气象资料介绍，该地区≥0℃的积温比六十年代平均增加了 36℃，年蒸发量减少 93.6 毫米。风沙成灾面积由 1970 年前的 2.8% 减少到 1.5% 以下；该县的宗加巴隆地区历史上植被条件较好，后遭人为破坏，使这一地区的沙生植被盖度仅有 0.4%。从 1980 年开始他们在青藏公路两侧封沙育林 18 万亩，目前植被盖度已增加到 20% 以上，使这一濒临沙化的土地又一次焕发了生机，为荒漠化土地带来了绿色希望，社会效益显著。

（二）防护农田草场，促进了农牧业发展

我省三北地区年均完成四旁植树 1000 万株左右，其中农田林网植树 500 万株。目前全区农田林网保存 1.2 亿株，折合造林面积 50 万亩，防护农田 201 万亩。东部黄河、湟水谷地基本实现了林网化，1990 年以来已把农田林网建设的重点转向营造山地林网，年均完成 200 多万株，山地林网化农田已有 20 多万亩。据有关部门测定：农田全面林网化后，在同等条件下耕作收获，作物增产率可达 13.1%。我省三北地区年均增产总量 1.67 万吨。大通县景阳乡山城村 80% 的农田实现林网化，粮食平均单产由 1984 年的 500 斤提高到目前的 600 多斤，扣除科学种田的其他因素，农防林增产效益一般占 15% 左右。尤其在风沙区没有农田防护林就没有农业。这是沙区人民的切身体会。通过营造防风固沙林也有效地改变了草场条件，保护了草场，促进了畜牧业的发展。

（三）控制了水土流失，自然灾害减轻

我省在三北防护林建设 30 年来，共营造水土保持林 300 万亩，治理水土流失面积 1195 万亩，控制水土流失 5486 平方公里，占建设区水土流失面积的 20% 以上。建设区土壤侵蚀模数已由 1978 年的 5000 ~ 7000 吨/平方公里，减少

到 2000～3000 吨/平方公里。经过治理的丘陵山区基本达到洪水不下山，泥流不出沟，暴雨不成灾，粮食不减产。以每年每平方公里减少 3000 吨泥沙流失计算，每年则可减少 8230 万吨泥沙流入江河，减少了泥沙对下游河道、水库的淤积，与此同时也减少了土壤养分的流失。1998 年 6 月 15 日湟源县遭受暴雨袭击，森林面积少，覆被率低的白水，马家湾等村有 10% 的农田被淹没，道路被冲毁，造成粮食减产，经济损失严重。而与之毗邻的小高陵村林木覆盖率高达 40%，有效地控制了山洪、泥石流下泄，全村安然无恙，粮食单产仍然在 400 公斤以上。

（四）涵养永源，增加了河水流量，缓解了工农业及城市生活用水

我省地处三江源，有"中华水塔"之称。黄河在省境的输水量占黄河流量的 49.2%，其上游主要支流均在我省三北防护林建设区。30 多年来通过营造水源涵养林、封山育林，使一些支流水量增加，泥沙含量减少。地处青沙山的平安县东沟河，经过封山育林，使河水平均流量由 1982 年的 $0.5m^3$/秒增加到 $1.22m^3$/秒，保证了下游几万亩农田灌溉用水；化隆县在青沙山封山育林后使该地区 17 条季节性河流有 10 条变成四季长流；湟中县盘道河是湟水河的一大支流，源头拉脊山地区封山育林 10 万多亩，使河水泥沙含量由 2.17‰降为 1.01‰，每年输入湟水河泥沙减少 2.2 万吨。

（五）减少了风沙危害，开辟了沙区绿洲

我省是全国沙漠化面积较大、分布广、沙害严重的省区之一。全省有沙化土地面积 18837 万亩，占全省国土面积的 17.5%。30 年来治理沙化面积 154.7 万亩。地处柴达木盆地的海西州，自六十年代以来就积极组织沙区人民开展防沙治沙工作，尤其在三北防护林工程启动后，治理速度加快，标准提高，使境内的十几个绿洲形成了比较完备的防护林体系，保护农田 70 多万亩，全州农业连年丰收，粮食亩均单产由原来的 118 公斤提高到现在的 300 多公斤，昔日的荒漠变成了我省重要的粮食基地。贵南县通过治沙造林，封沙育林，林地面积

增加，风沙危害明显减轻，1986～1990 年灾害性天气发生次数 85 次，1991～1995 年发生次数 59 次，减少 26 次，其中 10 米/秒以上的大风次数减少 19 次，积沙量大幅度减少，基本控制了风沙对农作物的危害。位于龙羊峡库区东南岸的贵南县黄沙头地区，沙漠以每年 30 米左右速度向四周发展，严重威胁着周边草场和公路，2000 年以来，当地政府在省林业部门支持下，加大该地区治沙力度，每年完成治沙造林 5000～10000 亩，完全锁住了沙漠发展势头。

（六）林业产业得到了较快发展

近年来，在三北工程建设中，我们积极发展林业产业，取得了明显的经济效益。2000 年以来，按照"东部沙棘，西部枸杞"的林业产业发展思路，在柴达木盆地种植枸杞近 5 万亩，可采果利用面积 2 万亩；在东部地区已营造人工沙棘林 130 万亩。依托柴达木高科技药业公司、清华博众生物技术有限公司、康普德生物制品有限公司等龙头企业，加工利用枸杞果和沙棘果资源，年利用加工产值近 3 亿元，促进了地方经济发展和群众增收，探索了适合我省的生态建设和产业发展双赢的有效途径。

（七）收到了明显的经济效益

通过三北防护林工程建设不仅改变了局部地区的生态环境，提高了农业产量而且还增加木材蓄积量 564 万立方米，按现行价每立方米 400 元计算可增加产值 22.56 亿元。同时也解决了民用木料、燃料困难，增加了经济收入。东部农业区有一半以上的农户都用自产木材盖了新房。农牧民人均纯收入由 1978 年前的 75 元增加到 2005 年的 2175.9 元。湟中县拦隆口乡通过防护林工程建设植树 78 万株，已使全乡 2.64 万亩水地全部实现了林网化。近年来全乡木材自给有余，80％的农户都用自产木材盖了新房，添置了新式家具，购买了家用电器等，薪材平均每户可解决 10～15％的燃料，林业产值在大农业中的比重由原来的 5％提高到 10％。民和县营造经济林面积 10 万亩，其中有 5 万亩已经收益，年产干鲜果 6000 吨，总产值 1100 万元，成为群众经济收入的重要支柱。

四、主要做法及措施

(一) 积极推行"三北"营造林工程项目管理试点改革

为积极探索我省重点工程造林项目管理新机制，吸引非公有资本投入林业生态建设，加大林业生态建设力度，提高林业生态建设成效，2003 年以来，我们根据三北工程建设新形势和市场经济要求，在省发改委支持下开展了三北工程营造林投资体制改革试点工作，积极探索三北工程投资管理体制和机制，提高了资金使用效益和工程建设质量。2004 年省在互助、大通、平安三县开展了"三北"造林工程项目管理试点，并作为省林业局的八件大事之一认真落实。试点单位 17 个，试点造林面积 7524 亩。通过一年的探索尝试，试点工作取得了阶段性成效。一是探索了营造林工程按项目申报、按项目审批、按项目管理的新机制，打破了计划经济管理下的造林工程管理模式；二是探索了造林定额管理新机制，造林投入按成本实价投资，投资方式实行国家补助与自筹相结合，改变了造林投资不分林种、树种和营造林难易程度"一刀切"的做法；三是带动了非公有制个体投入林业生态建设的积极性，按造林成本，国家补助 60% ~ 80%，个体配套 20% ~ 40%；四是营造林工程按市场管理机制，实行项目法人责任制、招投标制、资金报账制、工程监理制、产权确认制；五是明确了造林经营的主体，提高了造林经营者经营管护的积极性。

(二) 进一步创新机制，试行营造林招投标制

为进一步深化改革，创新机制，加快"三北"防护林工程建设，2005 年我省对三北防护林工程建设大果沙棘项目首次进行招投标。招投标严格遵照《中华人民共和国招投标法》的法定程序，通过发布公告、组织报名、资格审查、现场调查、招标书认购等工作程序，共有 24 家造林业主进行了报名，经过资格审查，10 家业主认购了项目招标书，有 4 家进行了投标。经专家评标，有 3 家

业主中标，造林规模 4200 亩，3 家中标单位均为具有独立法人资格的非公有制企业。

营造林招投标是我省继"三北"营造林工程项目管理试点之后又进行的一次林业投资体制改革的探索，为进一步深化和完善投资改革，支持非公有制经济成分参加林业建设，充分调动我省非公有制企业参与"三北"等林业工程建设的积极性，对实现全社会办林业全民搞绿化具有重要意义。

(三) 强化基层专业技术人员培训

提高基层专业技术人员业务素质和操作技能，是保障三北工程质量的关键所在。"十五"期间我省狠抓三北各县（市）专业技术人员培训，每年举办 2~3 期营造林质量管理、档案管理等培训班进行培训，聘请省内外大专院校和有关部门的专家、教授讲课，采取集中培训、现场观摩和具体操作实习等方法，培训技术人员 400 多人次，起到了良好的效果。"三北"工程实施各州、地、市、县也根据实际需要，有针对性的举办各种培训班，对技术人员进行培训。通过培训，提高了专业技术人员的理论水平和实际操作技能、工程作业设计质量，整体提高了"三北"营造林质量。

(四) 积极宣传动员，大力开展形式多样的植树活动

随着全民义务植树运动的深入开展，我省各级政府领导率先垂范，主管部门认真组织，社会各界积极参加，开展了形式多样颇具地方特色的义务植树活动。先后组织营造了"共产党员林""青海省厅局长林""青年林""青年婚育林""三八林""民兵林""青海省护士林"等，2005 年西宁地区开展了由团省委、省交通厅和西宁市园林局三家联合组织的以"爱我江河源，保护母亲河"为主题的万名共青团员义务植树活动，省交通音乐广播电台发起营造"司机林"活动，同时各地也开展了形式多样的义务植树活动。有力地推动了三北防护林建设。

(五) 积极开展林业实用技术推广

针对我省高、寒、旱,营造林树种单一,成活率低等特点,各地林业部门因地制宜,积极开展林业实用技术推广。海东地区和西宁市辖属各县(区)在抓好林业常规技术的同时,采用一些抗病虫、抗干旱性能强的树种造林,并在小范围内引进洛基山刺柏、大果沙棘进行造林试验;海西州都兰县积极选用野生沙拐枣、梭梭、白刺等沙生乡土灌木树种育苗、造林,取得成功并总结了一些经验。各县结合营造林实际,积极推广使用抗旱造林综合配套技术,采用吸水保水剂蘸根、浸种技术;生根粉蘸根、浸种、喷叶技术;干水应用造林技术;植物秸秆覆盖保墒技术等实用技术,有效提高了造林成效;汇集径流整地造林技术以在东部干旱山区广泛推广使用;林业实用技术的推广取得了显著成效。

(六) 强化工程环节管理,提高营造林质量

在营造林工作中,我省始终坚持"质为先"的方针,从营造林基础工作抓起,强化环节管理,努力提高造林质量。一抓作业设计。各地基本做到了没有作业设计不造林,严格按设计造林,按设计验收;二抓提前整地。春季造林结束后,各地把造林整地作为重要工作,具体安排,认真实施。有的实行专业队整地,做到了提前不整地不造林;三抓种苗质量。我省结合省情制定了《种苗质量标准》、《种苗质量事故责任追究制度》等,要求造林种苗必须具备"两证一签",调购种苗实行招投标制,落实质量责任人,严把种苗质量关。四抓栽植质量。造林工程实行技术承包,责任人负责现场指导,严格按技术规程操作。并大力推广带土坨造林、泥浆蘸根、覆膜保墒、杨树深栽、截干造林、容器苗造林等林业适用技术,使用生根粉、保水剂等先进科技成果,提高科技含量,加大科技造林力度。五抓检查验收。我省造林工程一直坚持县级自查、州(地)级复查、省级抽查的三级验收制度,实行验收签字制度,谁验收,谁负责,确保验收质量。

2000 年以来，我省进一步加大对工程建设的检查指导工作。坚持每年春季，抽调专业技术干部 40 人左右，由厅级领导带队，分六个工作组，赴我省各地开展督促检查和指导工作。并形成制度，作为省林业局的一项重要的工作。保证了造林质量和资金的使用效益。

五、基本经验与体会

（一）领导重视，强化政府行为是搞好三北防护林工程的前提

作为我省最大生态系统工程的三北防护林建设，各级政府十分重视，主要领导亲自抓，层层建立领导机构，审核制定规划，安排部署任务，制定措施，检查指导等，同时每年都层层签订责任书，严格兑现奖罚。实践证明，领导带头，真抓实干，建立造林绿化目标责任制是搞好三北防护林工程的首要保证。在工程建设中各地始终坚持开展全民义务植树，建立义务植树基地以及领导办绿化点的制度，典型示范，推动全局。我省三北防护林工程是以生态效益为主的环境保护工程，像青海这样自然气候条件很差的地区，造林育林直接的经济效益少而慢，依靠经济手段调动群众的造林积极性是不现实的，必须依靠政府行为，发动全社会力量，坚持造林计划指令性指标，国家补助与群众义务投工投劳相结合，才能保证防护林建设持续稳定快速发展。

（二）稳定政策，转换经营机制是搞好防护林建设的内在动力

在三北工程建设初期，省委、省政府就明确提出全省林业建设实行国家、集体、个人一起上的方针，谁造谁有，合造共有，允许继承、长期不变的政策，并由县以上人民政府核发林权证，给农民吃了定心丸，调动了广大群众的造林积极性，掀起了造林绿化的高潮。近年来随着国家计划经济向市场经济的转变和造林难度的增大，各级政府进一步放宽政策，为开发治理"四荒地"营造更加宽松的政策环境。实行"谁承包谁治理，谁开发谁受益、可以继承、转

让、拍卖，长期不变"等政策。同时还提出"三放开"政策，即对造林绿化开发治理荒山、荒滩、荒沙的投资对象，投资渠道，投资形式放开，无论国家、集体、个人都一样对待，又一次调动了农牧民群众和企事业单位造林绿化积极性，促进非公有制林业迅猛发展，掀起了个人承包治理荒山，大搞造林绿化的新高潮。

(三) 强化种苗建设是三北防护林建设的物质基础

实践证明，种苗建设不加强，造林绿化就难以发展。在三北防护林建设中，我省十分重视种苗基础建设，在建设初期就提出了，开展省、县、乡、村四级育苗，以后又提出了发展个体育苗。要求做到"四舍得"，即舍得好地、舍得资金、舍得肥料、舍得劳力，使全省育苗工作得到了快速发展。同时还大力发展采种基地，建立种子园等，力争做到自采自育自造，达到苗木自给。目前全省共有苗圃 2138 处，经营面积 5.32 万亩，其中，工厂化育苗基地二处，国有苗圃 107 处，面积 1.56 万亩，年均出圃各类苗木 1.4 亿多株。建立采种基地 5 万多亩，年采种量达 10 万多公斤。乐都、大通等县常规树种造林种苗达到了自给有余。尤其是近两年来随着林业生态建设任务的增加，全省对种苗建设更加重视，2000 年召开了近二十年来的首次种苗工作会议，对全省种苗工作提出了更高的要求。在国家的大力支持下，建立了一批苗圃示范基地、采种基地和种子园，实现了全省种苗自给。同时还对种苗市场、种苗供应、种苗管理等环节加大了管理力度，使种苗管理工作进一步走向了法制化、规范化、科学化。

(四) 多方筹集资金，增加投入是建设三北工程的保障

30 多年来省委、省政府在财力紧张的情况下千方百计地从各方面挤出资金，增加对林业的投入，支持林业发展。1981 年以来省政府关于林业方面发出的许多文件中都明确规定：林业投入要逐年确所递增，造林补助费标准要有所提高；支援不发达地区资金应有适当比例用于发展林业；水土保持经费要有适

当比例用于植树造林；以工代赈，贴息贷款，农业综合开发等项资金都应把三北工程造林作为一项重要内容，列入计划，保证资金到位。为了加强资金管理和投资效益，采取了一系列措施：一是各项建设资金按项目需要直接到位，专款专用，能戴帽下达的资金全部戴帽下达；二是坚持按规划设计，按设计施工，按项目投资，按工程管理；三是制定验收标准和办法、严格检查验收；四是积极开展营造林投资改革，建立造林绿化承包合同制，严格兑现奖罚，对完成任务好的给予奖励，没有完成任务、质量达不到标准的，坚持扣减建设经费。由于措施得力，各项建设投资能够按计划及时到位，从而保证了三北防护林体系建设的顺利实施。

（五）坚持因地制宜分类指导，实行科学造林是建设三北工程的重要手段

我省海拔高，气候干旱、严寒，许多地方乔木林不能很好生长，我们采取先上灌、草，再上乔木等形式营造乔灌混交林，并坚持分类指导的原则，乔灌草结合，带片网结合。东部黄河、湟水谷地发展农田林网，用材林和经济林；浅山以小流域为单元进行集中连片治理，以灌木为主，营造水土保持林、薪炭林等；脑山地区封山育林，建设水源涵养林基地；西部柴达木盆地和共和盆地，以治沙造林，建绿洲为主，建设大型农田防护林和防风固沙林带。造林方式上坚持封造并举，重视封山育林，把封山育林纳入林业发展规划，落实封育资金，按项目管理。同时，还紧密结合生产实际，加强科研工作，着重研究解决和大力推广以抗旱造林为重点的多项林业适用技术，引种推广抗旱造林树种等，先后有三十多项科研和推广项目成果获得奖励，推动了全省三北防护林工程建设。在造林措施上按项目管理，实行专业队整地造林，实行招投标制，并聘请有资质的监理单位对工程进行监理，变结果管理为过程管理，严把造林每一个环节质量关，保证造林质量。

（六）强化森林资源管护是巩固三北防护林建设成果的关键

加强管理，是一项十分重要的工作，关系到三北防护林建设的成败。我们

自始到终把管护工作放在与造林同等重要位置上，坚持常抓不懈，巩固建设成果。一是建立法规，使管护工作有法可依，有章可循，省人民政府先后颁布了《青海省林地、林权管理办法》、《青海省森林采伐限额管理办法》、《青海省绿化条例》、《青海省人民政府关于停止天然林采伐的通告》、《关于保护环境实行禁牧的命令》等一系列法规文件，一些州（地、市）县制定了林木保护条例、办法、乡规民约等。使森林保护、林地、林木管理工作基本实现了法制化、制度化；二是加强基层林业管理机构和管护队伍建设。在林业公安机构，林业工作站、木材检查站、森林病虫害防治、护林防火等建设上狠下工夫，基本建成了林木保护、林地管理的行政管理和行政执法网络；三是加强宣传教育，提高全民的森林保护意识，各地充分利用广播、报纸、电视等多种形式广泛宣传教育，普及林业法律知识，提高全民的造林护林自觉性，养成人人爱林护林的好风尚；四是加强森林病虫鼠害仿治工作，三十多年来全省没有生过大的森林病虫害；五是严明执法，坚决查处乱砍滥伐等犯罪行为，对重大毁林事件，发生一件查处一件，决不手软，每年冬季全省林业公安部门都组织开展打击破坏森林资源的专项斗争。

六、今后防护林体系建设思路

（一）进一步认识三北防护林体系建设的深远战略意义，强化政府行为，增加林业投入

我省三北防护林体系建设工程地处黄河源头和柴达木沙区，建设好这一工程是从根本上遏制三北地区生态环境恶化，减少水土流失，增加黄河水量，减少泥沙含量，造福当代和子孙后代的根本大计。紧紧抓住建设现代林业的历史机遇，我们必须对"三北"防护林工程高度重视，改善生态环境，要把建设防护林体系作为第一位任务，认真抓好。为此要继续加强宣传，进一步提高全社会对防护林建设的认识，特别要引起各级领导的高度重视。青海地处高原，海

拔高，气候冷，自然条件严酷，经济落后，防护林建设是以生态效益为主，造林难度大，需要国家从国土整治，保护生态环境，维护生态安全的高度，考虑给予大力支持，增加林业投入。今后在防护林建设上应以国家投资为主，地方适当配套，群众投工投劳，尽量减轻群众负担。集中资金高起点、高标准进行重点防护林建设。

（二）进一步探索和完善造林模式。我省春旱发生频率高，持续时间长，是影响生态建设的主要制约因素

多年来，我省一直沿用传统的春季造林模式，造林成活率不高。因此，必须打破时空格局，因地制宜，把以春季造林为主转变为春季、雨季和秋季造林，春季主要完成四旁植树、农田林网和墒情好、有水源条件以及脑山地区的造林绿化，干旱的荒山造林要利用雨季和秋季降水较多的季节进行，保证造林成效，并且要大力推广容器苗造林。

（三）加强苗圃建设，保证造林绿化的种苗供应。加快三北防护林工程建设首要问题是种苗供应不足

今后我们要像粮食生产抓种子工程建设一样抓种苗建设，要在抓好国有示范苗圃的基础上，改造好现有苗圃，新建扩建一批苗圃，尤其要建设好规模大，效益高的重点骨干苗圃，形成以国营育苗为主体，乡、村育苗为骨干，群众育苗为补充的县、乡、村、户育苗网络。同时要依靠科学技术，提高育苗质量，积极引种推广、试验示范优良树种，建立良种繁育基地，实现良种壮苗。

（四）依靠科技进步，促进三北防护林建设上新水平

我省三北地区自然条件差，造林难度大，必须依靠科技进步才能实现增量增效，科学造林首先要科学的规划，按规划进行作业设计，并严格按设计施工，按技术规程进行操作，强化技术管理，严把质量关，提高造林质量。同时要积极推广林业适用技术，认真抓好抗旱树种的选育，汇集经流整地、容器育

苗造林，杨树深栽造林，集雨灌溉造林，森林病虫害综合防治等适用技术的推广应用，大幅度提高林业科技的总体水平。要积极鼓励林业科研、教学，技术推广人员通过承包，创办科技示范点，开展技术咨询，加速林业科技成果的转化利用。要把造林工程总投资中安排不少于3%的科技支撑专项费规定落到实处，为科技兴林提供必要的资金保障。

（五）加强森林病虫害防治工作，巩固造林成果

近年来我省森林病虫害危害严重，尤其食叶害虫、蛀干害虫，较为普遍，虫口密度大，发生范围广。森林病虫害是不冒烟的森林火灾，灭虫如灭火。今后要把防治工作切实抓紧抓好，严把种苗检疫、预测、预报、生物、药剂防治等环节，确保森林病虫不能蔓延成灾。

（六）依法治林，严厉打击破坏森林资源的违法犯罪活动

一方面要采取有效措施，加强现有林草植被的保护工作，加大执法力度，坚持"打防并举"的方针，对严重破坏森林资源的大案要案，开展专项整治，严肃查处，依法严厉打击。另一方面要依法保护个人、集体、国有单位的合法权益，任何单位和个人不得以任何借口，随意侵占和损害林木所有者的使用权、经营权，切实维护他们的合法权益和正常的生产生活秩序，保护他们发展林、业的积极性。我省三北防护林四期工程肩负着繁重而艰巨的光荣使命，要实现四期工程建设总目标，必须打破传统的观念，探索新的路子，采取超常规跨越式发展方式，使我省三北防护林工程建设快速健康发展。

（七）加大投入，提高防护林建设的经济效益

加大工程建设投入，选择适合我省发展的生态经济型树种，按照我省确定的"东部沙棘西部枸杞"的林业产业发展思路，积极发展沙棘资源和枸杞资源，培育高原特色林业产业，提高防护林建设的经济效益，努力构建青藏高原完备的林业生态体系和特色的林业产业体系，为建设富裕、文明、和谐新青海

做出贡献。

七、存在的主要问题

（1）我省三北工程建设区自然条件严酷，海拔高，气候寒冷，干旱少雨，防护林建设难度大。通过第一阶段（一、二、三期）工程建设，条件较好的地区已经治理或基本治理，剩余的宜林地多为地处边远，山高坡陡，干旱瘠薄，自然条件很差的干旱山区、风沙区，造林成本高、难度大。

（2）生态防护林直接经济效益低，内在动力不足。地处黄河上游黄土丘陵沟壑区和柴达木盆地、共和盆地荒漠化地带的三北防护林建设，是以涵养水源，保持水土，防风固沙，调节气候，改善生态环境为主的工程建设，林木生长周期长，没有灌溉条件，生长缓慢。大部分地区受自然条件限制不适宜发展乔木经济林。因此，都以营造灌木林为主，直接经济效益低，投入产出比值小，滚动发展动力不足。

（3）建设资金不足，影响防护林建设的进度和质量。以往我省防护林建设资金投入是以"群众自力更生为主，国家补助为辅"，我省自然条件差，造林成本高，实际造林费用与国家补助差距大，营造一亩灌木林、乔木林一般需要投资 150～400 元，而国家补助平均只有 50～100 元。由于经费不足，科学造林措施不落实，经营粗放，营造林质量差，效益低，影响林业发展和效益。

（4）营造林管护工作难度大。我省地域辽阔，森林资源分散，管护力量少，资金投入不足。一些地区林牧矛盾十分突出，网围栏等防护设施建设成本高，增加管护人员又严重缺乏管护经费，使新造林地、封山（沙）育林地遭受牲畜践踏啃食，造成造林保存率底，封山育林成林率低。

（5）鼠、兔泛滥成灾，危害严重。随着"三北"建设工程第一阶段（一期、二期、三期）的完成和四期在建，我省三北人工造林和封山育林初见成效，局部生态环境有了明显的改善，但由于鼠、兔天敌的减少，造成鼠、兔害发生面积增加，局部鼠、兔危害十分严重。鼠、兔危害已成为当前制约"三北"和其他林业重点工程成效巩固的制约因素。由于缺乏专项防治经费，不能进行正常的防治，局部防治和人工捕捉等措施达不到全面防治的效果，鼠、兔防治任务艰巨，刻不容缓。

（6）林木管护费、补植费难以落实。农村税费体制改革后，取消了"三提五统"费用，也不再安排义务工，护林员报酬难以落实，拖欠严重；由于自然气候条件的限制，我省造林难度大，一次造林一般达不到质量要求，需要 1～2 次，甚至 3 次以上的补植补种才能成功，各地普遍缺少补植费。

八、建　　议

（1）建议国家提前下达三北防护林工程建设年度计划，以便种苗准备、造林整地，地块落实，规划设计等前期工作开展，提高工程建设质量。

（2）建议国家提高防护林体系工程建设投资标准，按照工程建设实际投资需要落实建设资金。

（3）落实工程前期工作费和科技支撑费，主要用于造林作业设计，检查验收，科技培训，技术推广等，提高工程建设质量。

（4）我省造林基本是以生态效益为主的公益林，直接经济效益很低，加上林牧矛盾突出，管护难度大，建议国家适当安排管护费和补植补播费。

（5）我省林业基础薄弱，种苗供应不足，建议国家加大种苗建设投资力度，支持落后地区发展一批重点骨干苗圃。